⊙ 高等职业教育大数据技术专业系列教材

Hadoop
大数据开发基础
项目化教程

陈秀玲　王德选　陈井霞　主编

化学工业出版社

·北京·

内容简介

Hadoop 是当前热门的大数据处理与分析平台。《Hadoop 大数据开发基础项目化教程》将大数据平台相关内容划分为 8 个项目，分别是大数据时代、Hadoop 基础环境、Hadoop 环境搭建、分布式存储 HDFS、MapReduce 分布式编程、Hadoop 数据仓库 Hive、Hadoop 数据库 HBase、协调系统 Zookeeper，每个项目按照知识点拆解为相关的多个任务，每个任务都有详细的操作步骤实现，由浅入深，将理论和实践相融合，循序渐进地介绍 Hadoop 集群的相关知识点，使读者能够学以致用，融会贯通，方便快速理解和掌握。

本书可作为高职高专院校大数据技术等计算机相关专业的教材使用，也适用于职教本科、应用型本科院校数据科学与大数据、大数据管理与应用等专业的师生使用，还可供大数据零基础的初学者入门和进阶、大数据相关领域的广大程序设计人员参考。

图书在版编目 (CIP) 数据

Hadoop 大数据开发基础项目化教程/陈秀玲，王德选，陈井霞主编．—北京：化学工业出版社，2021.6（2022.11 重印）
高等职业教育大数据技术专业系列教材
ISBN 978-7-122-38711-0

Ⅰ. ①H… Ⅱ. ①陈… ②王… ③陈… Ⅲ. ①数据处理软件-高等职业教育-教材 Ⅳ. ①TP274

中国版本图书馆 CIP 数据核字（2021）第 045075 号

责任编辑：张绪瑞　廉　静　　　　　　　装帧设计：韩　飞
责任校对：边　涛

出版发行：化学工业出版社（北京市东城区青年湖南街 13 号　邮政编码 100011）
印　　刷：三河市航远印刷有限公司
装　　订：三河市宇新装订厂
787mm×1092mm　1/16　印张 15¾　字数 380 千字　2022 年 11 月北京第 1 版第 2 次印刷

购书咨询：010-64518888　　　　　　　　售后服务：010-64518899
网　　址：http://www.cip.com.cn
凡购买本书，如有缺损质量问题，本社销售中心负责调换。

定　价：48.00 元　　　　　　　　　　　　　　　　　版权所有　违者必究

前言

随着信息技术的快速发展,世界已经进入了大数据时代。Hadoop 是当前热门的大数据处理与分析平台,本书作为 Hadoop 的入门教材,采用项目化形式编写,是一本适合零基础读者学习并研发的大数据基础教程。本教材是化学工业出版社有限公司出版的"高等职业教育大数据技术专业系列教材"之一。

为了全面贯彻落实教育部印发的《高等学校课程思政建设指导纲要》指示精神和《国家职业教育改革实施方案》,全书融入课程思政元素,坚持校企双元、产教融合开发原则;切实把立德树人根本任务贯穿到大数据技术专业的教学全过程,将专业教育与思政育人紧密结合,在专业教育中增强学生职业道德和操守,做到润物细无声地培养大数据工程技术人员的工匠精神。

1. 教材内容体系组织

全书打破传统将 Hadoop 集群知识点按照章节顺序、先理论后实践的编写模式,引入曾为思科、北京神州数码、中冶赛迪、重庆移动、招商银行等多家大型企事业单位提供大数据运维服务、大数据分析服务、大数据国际认证培训等服务的国家级高新技术企业——重庆翰海睿智大数据科技有限公司的优秀导师,与高校教师共同研发本项目化教材。将 Hadoop 集群平台涉及的相关技术分为 8 个项目,每个项目的知识点拆解成多个任务,由浅入深地通过具体的各个任务讲解具体知识,将知识点融会贯通,使枯燥的学习充满乐趣。全书采用"任务描述—相关知识—任务实现"方式,侧重通过详细的操作步骤做到任务的具体实现,方便初学者快速理解和领悟各个知识点的综合运用。

2. 教材主要内容

本书是一本以任务引领、问题导向的教材,非常适合零基础的读者学习和理解 Hadoop。全书共有 8 个项目,每个项目中又分成多个任务。

项目 1 大数据时代,包含 3 个任务,主要阐述大数据的基本概念、大数据核心特征以及大数据在现实生活中的具体应用。

项目 2 Hadoop 基础环境,包含 5 个任务,以熟悉 Linux、认识 Hadoop、准备 Linux 环境、Hadoop 基础环境搭建和 Notepad++实现共享编辑 5 个任务引领贯穿,着重使读者了解 Linux 基础、Hadoop 发展历程及特点;熟悉 Hadoop 基本概念、熟练应用 Linux 常用命令和具体掌握 Hadoop 基础环境搭建等知识,为后面项目的学习奠定基础。

项目 3 Hadoop 环境搭建，包含 5 个任务，以 Hadoop 单节点环境搭建、Hadoop 伪分布式环境搭建、Hadoop 完全分布式环境搭建为抓手，并配套使用 Xshell 远程终端模拟器、MobaXterm 终端软件实现借助当前最为流行和先进的远程终端软件连接并控制远程的主机，轻松操作和管理。

项目 4 分布式存储 HDFS，分为 4 个任务，以 HDFS 的组成与工作机制、HDFS 数据操作、创建 HDFS 项目和 HDFS 的文件读写 4 个任务，主要阐述了 HDFS 的体系结构、HDFS 的常用 shell 命令、HDFS 的读写流程和借助 IDEA 完成 HDFS 的文件读写操作。

项目 5 MapReduce 分布式编程，分为 6 个任务，以认识 MapReduce、MapReduce 编程模型、MapReduce 案例实战——去重、MapReduce 案例实战——排序、MapReduce 案例实战——Map 端 join 和 MapReduce 优化为切入点，主要介绍了 MapReduce 工作原理及应用场景、理解 MapReduce 编程模型、掌握 MapReduce 编程方法和 MapReduce 程序在 Yarn 上的运行等。

项目 6 Hadoop 数据仓库 Hive，分为 3 个任务，以 Hive 环境搭建、Hive 数据库基本操作、Hive 表基本操作为载体，主要阐述了 Hive 的特点、熟悉 Hive 数据类型、区分 Hive 四种表、Hive 的安装及配置，使读者能熟练应用 Hive 创建数据库、创建表、修改表等。

项目 7 Hadoop 数据库 HBase，分为 4 个任务，通过 HBase 安装配置基础、HBase 多种模式安装、HBase 创建用户表和操作表信息 4 个任务实例，详细阐述了 HBase 简介、HBase 工作原理、HBase 安装及配置和具体的 HBase 应用等。

项目 8 协调系统 Zookeeper，分为 3 个任务，具体有 Zookeeper 基础知识、Zookeeper 安装基础和 Zookeeper 多种模式安装。主要阐述了提供分布式协调一致性服务的 Zookeepe，需要读者了解 Zookeeper 基本概念、Zookeeper 安装模式，掌握 Zookeeper 的工作原理、Zookeeper 单机模式搭建、完全分布式模式安装及配置和 Zookeeper 的启动并可以综合、灵活运用。

本书由重庆化工职业学院陈秀玲、重庆化工职业学院王德选、哈尔滨广厦学院陈井霞担任主编，重庆翰海睿智大数据科技股份有限公司崔大洪、重庆化工职业学院任小平担任副主编，参加编写的还有重庆化工职业学院陈红。其中陈秀玲编写项目 3；王德选编写项目 1、项目 6、项目 8；陈井霞编写项目 2、项目 7；崔大洪编写项目 4；任小平编写项目 5；陈红编写全书的线上习题。同时特别感谢重庆翰海睿智大数据科技股份有限公司的杨锦秀、王秀君，为本书多个任务提供了设计思路等诸多帮助。全书由陈秀玲统稿。

3. 教材主要特色

（1）引入重庆翰海睿智大数据科技股份有限公司——国家级高新技术企业（认定编号：GR201951100755）和双软认证企业（渝 RQ-2019-0080）的优秀企业导师，做到校企双元共建。

（2）本书是项目化教材，知识点以任务的形式贯穿。

（3）内容选取贴近实际运用需要、内容丰富，涵盖 8 个项目、33 个任务。

（4）项目采用"任务描述—相关知识—任务实现"方式统领各个知识点，侧重具体实践操作，配有详细的操作步骤，方便读者理解和掌握。

（5）每个项目配套课后习题和线上习题两部分，可用手机扫描教材中配套的二维码获得课后习题的答案和线上习题及答案。线上习题增加大数据行业面试题，方便读者及时获取行业动态，明确自己的努力方向。

（6）语言简明易懂，由浅入深学习 Hadoop 大数据平台相关知识。

本书适合零基础的大数据初学者入门和进阶，可作为高等院校大数据类专业的教材，也可供相关领域的广大程序设计人员参考。

本书的编写参考了诸多相关资料，在此表示衷心的感谢。由于水平和时间有限，书中难免存在疏漏之处，欢迎读者批评指正。

编者

2021 年 2 月

目 录

项目 1　大数据时代　　1

- 任务 1　认识大数据　1
  - 1.1.1　大数据定义　2
  - 1.1.2　大数据核心特征　2
  - 1.1.3　大数据体系架构　3
- 任务 2　大数据关键技术　4
  - 1.2.1　大数据技术分类　4
  - 1.2.2　大数据存储基础　5
  - 1.2.3　大数据与云计算、物联网　6
- 任务 3　大数据的应用　6
  - 1.3.1　大数据典型应用——霍廷　6
  - 1.3.2　大数据典型应用——亚马逊　7
  - 1.3.3　大数据典型应用——城管通　7
  - 1.3.4　大数据典型应用——智能公交站牌　7
  - 1.3.5　大数据典型应用——金融分析　7
  - 1.3.6　大数据典型应用——医疗决策　7
  - 1.3.7　大数据典型应用——农业防稻瘟　8
  - 1.3.8　大数据典型应用——社会治理　8
  - 1.3.9　大数据典型应用——疫情阻击　8
- 习题　8

项目 2　Hadoop 基础环境　　10

- 任务 1　熟悉 Linux　10
  - 2.1.1　Linux 简介　11
  - 2.1.2　Linux 发行版　11
  - 2.1.3　Linux 文件　11

2.1.4　Linux 常用命令应用 ……………………… 12
● **任务 2**　**认识 Hadoop** ……………………………… 15
　　　2.2.1　Hadoop 简介 …………………………… 15
　　　2.2.2　Hadoop 发展史 ………………………… 16
　　　2.2.3　Hadoop 发行版本 ……………………… 16
　　　2.2.4　Hadoop 基本概念 ……………………… 17
　　　2.2.5　Hadoop 的优点 ………………………… 18
　　　2.2.6　Hadoop 基本使用 ……………………… 19
● **任务 3**　**准备 Linux 环境** ………………………… 20
　　　2.3.1　虚拟机简介 ……………………………… 20
　　　2.3.2　VMware 虚拟机 ………………………… 20
　　　2.3.3　安装虚拟机 ……………………………… 20
● **任务 4**　**Hadoop 基础环境搭建** ………………… 21
　　　2.4.1　Hadoop 核心知识 ……………………… 21
　　　2.4.2　Hadoop 生态社区 ……………………… 22
　　　2.4.3　安装主机 master ……………………… 24
　　　2.4.4　拍快照保留历史数据 …………………… 28
　　　2.4.5　更改主机名称 …………………………… 29
　　　2.4.6　设置共享文件夹 ………………………… 32
　　　2.4.7　安装 Java 并配置环境 ………………… 35
● **任务 5**　**Notepad++实现共享编辑** ……………… 37
　　　2.5.1　Notepad++简介 ………………………… 37
　　　2.5.2　下载并编辑 Notepad++ ………………… 37
　　　2.5.3　实现远程连接 Linux …………………… 39
习题 ………………………………………………………… 43

项目 3　Hadoop 环境搭建 | 45

● **任务 1**　**Hadoop 单节点环境搭建** ……………… 45
　　　3.1.1　单节点基础 ……………………………… 46
　　　3.1.2　单节点安装 ……………………………… 46
　　　3.1.3　单节点配置环境及检验 ………………… 47
● **任务 2**　**Hadoop 伪分布式环境搭建** …………… 49
　　　3.2.1　伪分布式环境基础 ……………………… 49
　　　3.2.2　伪分布式环境安装 ……………………… 51
　　　3.2.3　伪分布式环境配置及测试 ……………… 53
● **任务 3**　**Hadoop 完全分布式环境搭建** ………… 60
　　　3.3.1　完全分布式环境基础 …………………… 61

    3.3.2 完全分布式环境安装 …………………………… 62

    3.3.3 完全分布式环境配置 …………………………… 72

  ● 任务 4 使用 Xshell 远程终端模拟器 ……………………………… 78

    3.4.1 Xshell 简介 …………………………………… 78

    3.4.2 Xshell 特点 …………………………………… 78

    3.4.3 Xshell 下载和安装 ……………………………… 78

    3.4.4 Xshell 远程连接虚拟机 ………………………… 79

  ● 任务 5 使用 MobaXterm 终端软件 …………………………………… 83

    3.5.1 MobaXterm 简介 ………………………………… 83

    3.5.2 MobaXterm 特点 ………………………………… 84

    3.5.3 MobaXterm 下载并安装 ………………………… 84

    3.5.4 使用 MobaXterm 连接虚拟机 ………………… 85

 习题 ………………………………………………………………………………… 88

项目 4 分布式存储 HDFS   90

  ● 任务 1 HDFS 的组成与工作机制 ……………………………………… 90

    4.1.1 HDFS 简介 …………………………………… 91

    4.1.2 机架感知与副本冗余存储策略 ………………… 91

    4.1.3 HDFS 体系结构 ……………………………… 92

    4.1.4 NameNode 工作原理 …………………………… 93

    4.1.5 查看 NameNode 格式化后的数据文件 ……… 94

  ● 任务 2 HDFS 数据操作 ………………………………………………… 96

    4.2.1 HDFS shell 简介 ……………………………… 96

    4.2.2 HDFS 用户命令 ……………………………… 97

    4.2.3 启动并查看 HDFS 进程 ……………………… 97

    4.2.4 借助浏览器查看 ……………………………… 98

    4.2.5 HDFS 管理员命令 …………………………… 99

    4.2.6 HDFS 完成数据文件的简单操作 …………… 100

    4.2.7 使用 HDFS 管理员命令完成相关服务操作 …… 102

  ● 任务 3 创建 HDFS 项目 ……………………………………………… 103

    4.3.1 IDEA 开发工具使用 ………………………… 103

    4.3.2 IDEA 安装 …………………………………… 104

    4.3.3 借助 IDEA 创建 Maven 项目 ……………… 107

  ● 任务 4 HDFS 的文件读写 …………………………………………… 109

    4.4.1 HDFS 文件读写流程 ………………………… 110

    4.4.2 启动 Hadoop 进程 …………………………… 111

    4.4.3 客户端向 HDFS 写文件 ……………………… 112

4.4.4　客户端向 HDFS 读文件 ·· 114
习题 ··· 115

项目 5　MapReduce 分布式编程　　117

- 任务 1　认识 MapReduce ·· 117
  - 5.1.1　MapReduce 介绍 ·· 117
  - 5.1.2　Wordcount 程序体验 ·· 118
- 任务 2　MapReduce 编程模型 ·· 124
  - 5.2.1　MapReduce 设计构思和框架结构 ····· 124
  - 5.2.2　MapReduce 编程规范 ·· 126
  - 5.2.3　编写自己的单词统计程序 ·········· 126
- 任务 3　MapReduce 案例实战——去重 ·· 137
  - 5.3.1　数据去重思想 ·· 137
  - 5.3.2　MapReduce 数据去重程序编写 ····· 138
- 任务 4　MapReduce 案例实战——排序 ·· 145
  - 5.4.1　MapReduce 数据排序 ·· 145
  - 5.4.2　Shuffle 工作原理 ·· 146
- 任务 5　MapReduce 案例实战——Map 端 join ·· 153
  - 5.5.1　Map 端 join 的使用场景 ·· 154
  - 5.5.2　Map 端 join 的执行流程 ·· 154
- 任务 6　MapReduce 优化 ·· 162
  - 5.6.1　资源相关参数 ·· 162
  - 5.6.2　容错相关参数 ·· 163
  - 5.6.3　效率与稳定性参数 ·· 163
习题 ··· 163

项目 6　Hadoop 数据仓库 Hive　　165

- 任务 1　Hive 环境搭建 ·· 165
  - 6.1.1　Hive 简介 ·· 166
  - 6.1.2　Hive 优点 ·· 166
  - 6.1.3　安装 Mysql ·· 166
  - 6.1.4　Mysql 基本应用 ·· 167
  - 6.1.5　安装 Hive ·· 173
  - 6.1.6　配置 Hive 环境 ·· 174
  - 6.1.7　启动 Hive ·· 177

- 任务 2　Hive 数据库基本操作 ·· 178
  - 6.2.1　数据库相关知识 ··· 179
  - 6.2.2　数据库操作 ··· 179
- 任务 3　Hive 表基本操作 ·· 181
  - 6.3.1　表的相关知识 ··· 181
  - 6.3.2　Hive 内置函数 ·· 182
  - 6.3.3　Hive 元数据存储 ·· 182
  - 6.3.4　表操作 ··· 184

习题 ··· 189

项目 7　Hadoop 数据库 HBase　　　　　　　　　　　　　　190

- 任务 1　HBase 安装配置基础 ·· 190
  - 7.1.1　HBase 简介 ··· 191
  - 7.1.2　HBase 发展历史 ··· 191
  - 7.1.3　HBase 基本概念 ··· 191
  - 7.1.4　HBase 特点 ··· 192
  - 7.1.5　HBase 安装前的准备 ··· 193
- 任务 2　HBase 多种模式安装 ·· 195
  - 7.2.1　HBase 安装模式 ··· 195
  - 7.2.2　HBase 常用命令 ··· 195
  - 7.2.3　HBase 伪分布式安装及配置 ······································· 196
  - 7.2.4　HBase 完全分布式安装及配置 ····································· 201
- 任务 3　HBase 创建用户表 ·· 205
  - 7.3.1　HBase 数据模型 ··· 205
  - 7.3.2　HBase 存储机制 ··· 206
  - 7.3.3　HBase 存储架构 ··· 206
  - 7.3.4　HBase 表的基本命令 ··· 207
  - 7.3.5　创建用户表 ·· 207
- 任务 4　操作表信息 ··· 209
  - 7.4.1　对表的操作命令 ·· 209
  - 7.4.2　增加表记录 ·· 209
  - 7.4.3　查看表信息 ·· 210
  - 7.4.4　修改表结构 ·· 211
  - 7.4.5　更新表记录 ·· 213
  - 7.4.6　删除记录/表 ··· 214

习题 ··· 215

项目 8 　协调系统 Zookeeper　　216

- 任务 1　Zookeeper 基础知识 ············216
  - 8.1.1　Zookeeper 概述 ·············217
  - 8.1.2　Zookeeper 基本概念 ········217
  - 8.1.3　Zookeeper 应用场景 ········218
- 任务 2　Zookeeper 安装基础 ············218
  - 8.2.1　Zookeeper 安装模式 ········218
  - 8.2.2　Zookeeper 角色 ·············219
  - 8.2.3　Zookeeper 常用命令 ········219
  - 8.2.4　Zookeeper 安装前准备 ·····220
- 任务 3　Zookeeper 多种模式安装 ······222
  - 8.3.1　Zookeeper 配置中的参数 ···222
  - 8.3.2　单节点模式安装及配置 ·······222
  - 8.3.3　伪集群模式安装及配置 ·······227
  - 8.3.4　完全分布式模式安装及配置 ···232
- 习题 ··235

参考文献　　237

项目 1　大数据时代

 学习目标

1. 了解大数据基本概念。
2. 掌握大数据核心特征。
3. 掌握大数据体系结构。
4. 了解大数据的应用。
5. 掌握大数据关键技术。
6. 了解大数据与云计算、物联网。

思政与职业素养目标

1. 了解和学习大数据的核心特征，引导学生重塑数据科学思维体系的"心""脑""体"等理念。
2. 通过大数据的当前行业应用引导学生努力学习，拓展自己的专业知识以便适应社会发展的需要。
3. 通过大数据技术分类的学习，培养学生认知和建构今后学习和就业的方向。
4. 科学思维赋予了数据智能，引导学生实现专业学习需要向一专多能等方向延伸。

任务 1　认识大数据

 任务描述

近几年来，大数据时代悄然来临，大数据概念风靡全球，带来了信息技术发展的巨大变革。在诸多领域，如政府、学术界、产业界以及资本市场等高达 90% 的企业都在应用大数据，人们都在转变思维，将大数据视为一种巨大财富，讨论并研究大数据时代社会发展新思路。大数据正以润物细无声的方式影响并改变着全人类的生活与思维模式，被专业人士称为"人类的第四代革命"。

相关知识

1.1.1 大数据定义

对于大数据，官方并没有给出一个准确的定义，不同机构有着不同的理解。

研究机构 Gartner 提出：大数据是需要新处理模式才能具有更强的决策力、洞察发现力和流程优化能力来适应海量、高增长率和多样化的信息资产。而麦肯锡全球研究所给出的定义是：一种规模大到在获取、存储、管理、分析方面大大超出了传统数据库软件工具能力范围的数据集合，具有海量的数据规模、快速的数据流转、多样的数据类型和价值密度低四大特征。

所谓大数据（Big Data），或称巨量资料，指的是"所涉及的资料量规模巨大到无法通过目前主流软件工具，在合理时间内达到撷取、管理、处理、并整理成为帮助企业经营决策更积极目的的技术资讯。"

1.1.2 大数据核心特征

大数据已经成为互联网信息技术行业的流行词汇。大数据并不在"大"，而在于"有用"。对大数据，通常比较流行认可的有"5V"说法，即大数据的 5 个特点。

（1）数量大（Volume）

大数据所包含的数据量很大，而且在急剧增长之中，可以达到 PB，甚至 ZB、YB 级别。但未来随着技术的进步，符合大数据标准的数据集大小也会变化。

（2）种类多（Variety）

种类多，也有称之为多源异构，即表示来自多个信息源，构造方式多种多样。随着技术的发展，数据源不断增多，数据的类型也不断增加。不仅包含传统的关系型数据，还包含来自网页、互联网、搜索索引、论坛、电子邮件、传感器数据等原始的、半结构化和非结构化数据。

（3）速度快（Velocity）

除了收集数据的数量和种类发生变化，生成和需要处理数据的速度也在变化。数据流动的速度在加快，要有效地处理大数据，需要在数据变化的过程中实时地对其进行分析，而不是滞后的进行处理。

（4）价值量大（Value）

在信息时代，信息具有很重要的商业价值。但是，信息具有生命周期，数据的价值会随时间快速减少。另外，大数据数量庞大，种类繁多，变化也快，数据的价值密度很低，如何从中尽快地分析得出有价值的数据非常重要。对海量的数据进行挖掘分析，这也是大数据分析的难点。

（5）真实性（Veracity）

真实性指数据的质量和保真性，真实有效的数据才具有意义。随着新数据源的增加，信息量的爆炸式增长，很难对数据的真实性和安全性进行控制，因此需要对大数据进行有效的信息治理。

大数据在结构类型上也有其特点，大多数的大数据都是半结构化或非结构化的。半结构化的数据是指具有一定的结构性并可被解析或者通过使用工具可以使之格式化的数据。例如，包含不同格式的数据。非结构化的数据是指没有固定结构，通常无法直接知道其内容，保存为不同类型文件的数据，如各种图像、视频文件。根据目前大数据的发展状况，未来数据增长的绝大部分将是半结构化或非结构化的数据。大数据概念涉及数据仓库、数据安全、数据分析、数据挖掘等方面。

大数据不仅局限在字面含义，它实际包含对多维度数据信息的搜集、汇总，人们通过对搜集到的数据进行有效存储、整理、分析与管理、挖掘及整合、累加等，让看似没有任何关联关系的大量单个数据变得有价值，使其逐渐应用到多个领域，为人们所用。

早在搜索引擎为查询者提供服务时即已开始了大数据的应用。搜索引擎通过查询者输入的关键词进行检索，然后从海量的索引数据库中找到匹配关键词的网页，高效查找出可能的答案，搜索引擎服务方式就是人类日常生活中比较典型的"大数据"原理与应用案例。

1.1.3 大数据体系架构

Hadoop 是一个由 Apache 基金会所开发的分布式系统基础架构，是根据 Google 发表的 GFS(Google File System)论文产生出来的。大数据的体系架构，又可以细分为大数据技术架构、大数据平台架构、大数据处理基础架构等。

Hadoop 的核心技术都是为了把传统的单点式结构转变为分布式结构；把单机文件存储转变为分布式存储（HDFS）；把单机计算转变为分布式计算（MapReduce）；把单机数据库转换为分布式数据库（HBase、Hive 等）。

总的来说，大数据的核心技术分为数据采集、数据预处理、数据存储、数据清洗、数据统计分析和数据可视化。

（1）数据采集

移动互联网、社交网络等每天产生的各种数据量都是非常庞大的，并且是零散的。数据表面看并没有什么意义，而且既有结构化的，又有非结构化的。只有将这些数据进行整理、归类、整合出有用的数据才有实际意义，这就是数据采集。数据采集是将每天产生的海量数据通过爬虫工具、ETL 工具等获取，然后经过清洗、转换和集成将数据加载到数据仓库或者数据集市中，再综合起来进行分析。数据采集包括文件日志的采集、数据库日志的采集、关系型数据库的接入和应用程序的接入等。

（2）数据预处理

数据预处理是指对采集后的数据进行主要处理之前做的一些处理。数据预处理有多种方法，有数据清理、数据集成、数据变换及数据归约等。这些数据处理技术在数据挖掘之前使用，大大提高了数据挖掘模式的质量，降低了实际挖掘所需要的时间。

（3）数据存储

由于海量的数据存储在一台机器显然行不通，因此需要存储到多个机器上，甚至上百台机器。因此数据存储涉及分布式文件系统和分布式数据库两部分。

（4）数据清洗

数据清洗是过滤掉那些不符合要求的数据。不符合要求的数据主要是有不完整的数据、错误的数据或者是重复的数据。通常使用 MapReduce 对 HDFS 中的原始数据进行清洗，以便后续进行统计分析。

（5）数据统计分析

使用 Hive 对清洗后的数据进行统计分析。Hive 的工作核心就是把 SQL 语句翻译成 MapReduce 程序，可以将结构化的数据映射为一张数据库表，并提供 HQL(Hive SQL)查询功能。

（6）数据可视化

数据可视化，就是指将结构或非结构数据转换成适当的可视化图表，然后将隐藏在数据中的信息直接展现于人们面前。

任务2　大数据关键技术

任务描述

了解了大数据的基础知识，需要学习其关键技术。大数据技术，就是从各种类型的数据中快速获得有价值信息的技术。大数据领域已经涌现出了大量新的技术，它们成为大数据采集、存储、处理和展现的有力武器。

相关知识

1.2.1　大数据技术分类

（1）大数据接入技术

大数据接入包括实时数据接入、文件数据接入、消息记录数据接入、文字数据接入、图片数据接入、视屏数据接入。典型代表有 Kafka、ZeroMQ、Flume、Sqoop 等。

（2）大数据存储技术

大数据存储技术包括结构化数据存储、半结构化数据存储、非结构化数据存储。典型代表有 HDFS、HBase、Hive、S3、MongoDB、Redis 等。

（3）大数据分析挖掘技术

大数据分析挖掘技术包括数据的离线分析、准实时分析、实时分析、图片识别、语音识别、机器学习等。典型代表有 MapReduce、Hive、Pig、Spark、Flink、Impala、Storm、Mahout 等。

（4）大数据共享交换技术

大数据共享交换技术包括数据接入、数据清洗、转换、脱敏、脱密、数据资产管理、数据导出等。典型代表有 Kafka、ActiveMQ、ZeroMQl、Web Service 等。

（5）大数据展现技术

大数据展现技术包括文字展示和图形展示（散点图、折线图、柱状图、地图、饼图、雷达图、K 线图、箱线图、热力图、关系图、矩形树图、平行坐标、桑基图、漏斗图、仪表盘）。典型代表是 Echarts、Tableau。

1.2.2 大数据存储基础

（1）行存储

所谓行存储是以一行记录为单位进行存储。传统的数据库都是采用的行存储方式，如 SQL Server、Oracle、Sybase、DB2 等。如表 1-1 所示的数据就是结构化数据的行存储方式。

表 1-1 行存储

学号	姓名	性别	出生日期	班级
1001	张晓莉	女	2002-3-3	大数据技术与应用
1002	陈鹏飞	女	2002-6-6	人工智能技术服务
1003	王瑞晨	男	2002-11-12	大数据技术与应用
1004	王博通	男	2002-12-1	人工智能技术服务
1005	方晓	女	2002-2-10	智能制造
1006	欧阳奕奕	男	2002-5-8	智能制造

（2）列存储

列存储是相对于传统关系型数据库的行存储来说的。列存储是以列数据集合方式存储。可以把列存储形象地理解为将行存储旋转了 90°的存储方式。列存储的读取是列数据集中的一段或者全部数据，写入时，一行记录被拆分为多列。如将表 1-1 所示的行存储旋转 90°后的存储数据就是列存储方式，如表 1-2 所示。

表 1-2 列存储

学号	1001	1002	1003	1004	1005	1006
姓名	张晓莉	陈鹏飞	王瑞晨	王博通	方晓	欧阳奕奕
性别	女	女	男	男	女	男
出生日期	2002-3-3	2002-6-6	2002-11-12	2002-12-1	2002-2-10	2002-5-8
班级	大数据技术与应用	人工智能技术服务	大数据技术与应用	人工智能技术服务	智能制造	智能制造

采用列存储数据模型的数据库系统具有高扩展性，即使数据增加也不会降低处理速度，因此，列存储主要适合应用于需要处理大量数据的情况。在大数据处理软件中，Hadoop 的 HBase 采用的是列存储。

（3）文档存储

文档存储不需要定义表的结构，存储方式可以多样化，适合存储非结构化数据。如 MongoDB、CouchDB 则采用文档型的行存储。文档存储支持对结构化数据的访问，但文档存储没有固定的架构。

（4）键值存储

键值（Key-Value，KV）存储是按照键值对的形式组织、索引和存储。键值存储提供了基于键值对的访问方式。键值对可以被创建或删除，与键相关联的值可以被更新。

键值存储适合于不涉及过多数据关系、业务关系的数据，同时能有效减少读写磁盘的次数，比如 Google 的分布式数据库技术产品 Bigtable 数据库，就是采用了 KV 存储方式。Google

为了方便 Bigtable 存储 Web 页面提出了 KV 存储方式。除此之外，如用于大数据处理的免费键值存储数据库 Memcached、Redis 也是采用的 KV 存储方式。

（5）图存储

图存储数据库基于图理论构建，使用节点、属性和边的概念。节点代表实体，属性保存与节点相关的信息，边用来表示实体之间的关系。图形数据库可用于对事物建模，如社交图谱、真实世界的各种对象。图形数据库的查询语言一般用于查找图形中断点的路径，或端点之间路径的属性。Neo4j 是一个典型的图形数据库。

1.2.3 大数据与云计算、物联网

云计算（Cloud Computing）是基于互联网的相关服务的增加、使用和交付模式，这种模式提供可用的、便捷的、按需的网络访问，进入可配置的计算资源共享池（资源包括网络、服务器、存储、应用软件、服务），这些资源能够被快速提供，只需投入很少的管理工作，或与服务供应商进行很少的交互。

物联网是互联网的应用拓展，与其说物联网是网络，不如说物联网是业务和应用。因此，应用创新是物联网发展的核心，以用户体验为核心的创新是物联网发展的灵魂。

大数据和云计算的关系，从技术上来说，有人形象地将之比喻为一枚硬币的正反面，即它们密不可分。大数据由于数据量大、安全性要求高等特点，无法用单台的计算机进行处理，必须采用分布式架构进行存储、计算、处理；对海量数据进行分布式数据挖掘，必须依托云计算的分布式处理、分布式数据库和云存储、虚拟化技术等才能实现。

总之，通过物联网产生、收集海量的数据存储于云平台，再通过大数据分析，甚至更高形式的人工智能为人类的生产活动、生活所需提供更好的服务，这必将是第四次工业革命进化的方向。

任务3　大数据的应用

任务描述

大数据可以应用到商业、农业、金融、医疗、教育、传媒等各行各业，将人们收集到的庞大数据进行分析整理，实现有效利用。大到国际金融，小到寻常百姓的购物、休闲。总的来说，大数据是对大量、动态、能持续的数据，通过运用新系统、新工具、新模型的挖掘，从而获得具有洞察力和新价值的东西。

相关知识

1.3.1 大数据典型应用——霍廷

华尔街"德温特资本市场"公司首席执行官保罗·霍廷每天会通过大数据分析全球数亿

条微博账户的留言，进而判断民众情绪，并对其打分排序。根据打分结果，霍廷再决定买入还是抛出数百万美元的股票。霍廷的判断原则是如果所有人都高兴，那就买入；如果大家的焦虑情绪上升，那就抛售，由此当年第一季度，公司获得了7%的收益率。

1.3.2 大数据典型应用——亚马逊

大家都非常熟悉的跨国电子商务公司亚马逊，它的各个业务环节都离不开"数据驱动"。不仅从每个用户的购买行为中获得信息，还将用户在其网站上的所有行为都记录下来，包括用户浏览页面的停留时间、是否查看评论、搜索的关键词、浏览的商品等，进而推送更加精准信息，激发用户的消费欲望。

1.3.3 大数据典型应用——城管通

城管通，又称数字城管系统，是一种城管执法人员用来执法的高科技移动执法系统。该系统运用 GIS 地理信息采集、GPS 卫星定位等技术，配合 PDA 移动信息终端、LED 显示屏等硬件设备，将城市中所有的井盖、路灯杆、公交站牌、城市雕塑等设定唯一的数字编码，备注其权属部门、负责维修部门等信息一并录入电脑数据库。利用大数据处理分析群众投诉事件，通常将处理事件分为七个步骤，即事件发起、派单、接单、到达现场、处置、结论、评估，更快、更好提高了城市管理的水平和能力，达到了真正的城市管理数字化、信息化。现已在江苏、内蒙古等全国多地投入使用。

1.3.4 大数据典型应用——智能公交站牌

智能公交站牌是一项基于大数据技术的城市公共交通智能化研究项目，主要估测下一班公交车离该站台的位置、车上乘客数、拥挤程度、到达时间等信息，使市民合理安排候车时间、及时调整出行路线、提高出行速率。目前已在北京、上海、哈尔滨等全国多个城市使用。

1.3.5 大数据典型应用——金融分析

目前，由"互联网金融"催生的大量的金融或类金融机构，为产业转型起到了一定的助推作用，为更好地获得最大利润，各大金融机构纷纷脑洞大开。阿里公司针对淘宝网上中小企业的交易状况筛选出财务健康和诚信经营的企业，并对其提供无担保贷款。目前，阿里公司已放贷款高达千亿元，坏账率仅为0.3%。

1.3.6 大数据典型应用——医疗决策

随着我国医疗体系改革的不断深入，医疗卫生的信息化建设进程也在不断加快，医疗数据的类型趋向多样化，规模庞大、海量数据、非结构化数据已对传统医疗体系提出了挑战。医疗大数据正彰显出强大的潜在价值，医生借助大数据技术分析得到的结果，进行有针对性的治疗与排查，将在临床操作、临床决策支持系统、医疗数据透明度、远程病人监控以及对病人档案的分析等方面得到广泛应用，既减轻了医务科研工作者的大量烦琐工作，又开阔了医务工作者的分析思路与治疗方案。

1.3.7 大数据典型应用——农业防稻瘟

随着《农业农村大数据试点方案》的正式印发，运用大数据概念和技术创新农业监测统计工作的思路和办法不断涌现，充分发挥各地农业部门及企业、科研单位、行业协会的作用，推动大数据在农业生产、经营、管理、服务等环节的应用，形成一批可复制、可推广的成果，如植保专业人员借助大数据分析技术，通过历史数据与采集的实时数据相结合，精准分析，解决长久困扰乡民的农业稻瘟顽疾问题。

1.3.8 大数据典型应用——社会治理

大数据是推动社会治理能力和治理水平不断提质升级的良方。以大数据赋能社会治理，一些城市创新性地提出了坚持"数为党用""数为民用""数为法用"的理论主张，切实提升了群众的获得感、幸福感和安全感。

1.3.9 大数据典型应用——疫情阻击

有目共睹，人类已进入与病毒抗争的时代，尤其我国在抗疫期间所表现出的大国担当和中华儿女团结一心的精神斗志感染和激励了每一位世人，而在此期间，大数据发挥了至关重要的作用，如南昌市大数据发展管理局综合交通、民航、公路、公安等数据运用大数据技术，建立大数据研判模型，对进入其市人员进行严密排查，综合性对比，及时锁定病毒传染源，切断传播途径，并对相关人员提前精准预测、预警，快速排查并锁定密切接触者，有效加强对疫情发展趋势的动态监测，实现了精准施策，与此同时，节约了大量人力、物力、财力。

习 题

项目1 习题答案

项目1 线上习题+答案

一、填空题

1. 大数据英文全称是_____。
2. 大数据的核心特征有数量大、种类多、_____、_____、_____。
3. 大数据应用在政府、农业、金融、_____、_____、_____等。
4. 大数据技术可以分为大数据接入技术、大数据存储技术、_____、_____和_____五大类。
5. _____是以一行记录为单位进行存储。
6. _____存储不需要定义表的结构，存储方式可以多样化，适合存储非结构化数据。

二、选择题

1. 大数据存储技术包括（　　）。
   A. 结构化数据存储　　　　　　B. 半结构化数据存储
   C. 非结构化数据存储　　　　　D. 以上都正确
2. Hadoop 的核心技术有（　　）。
   A. 分布式存储　　　　　　　　B. 分布式计算

C. 分布式数据库 D. 以上都正确
3. GFS 的全称是（   ）。
   A. Google Fact System B. Google File System
   C. Good File System D. 以上都不正确
4. Hadoop 名字的来源是（   ）。
   A. 由一篇报纸而来 B. 由灵感想象而来
   C. 由一个大象玩具而来 D. 随便起名
5. Hadoop 最基础的功能是（   ）。
   A. 数据存储 B. 快速编写程序
   C. 存储和处理海量数据的能力 D. 数据挖掘

三、简答题

1. 简述大数据与云计算、物联网的关系。
2. 大数据存储有哪些基本概念？
3. 大数据应用在哪些方面？
4. 简述大数据的体系架构。
5. 简述大数据的5V特性。

项目 2　Hadoop 基础环境

 学习目标

1. 了解 Linux 基础。
2. 了解 Hadoop 发展历程、特点。
3. 熟悉 Hadoop 基本概念。
4. 熟练应用 Linux 常用命令。
5. 掌握 Hadoop 基础环境搭建。

思政与职业素养目标

1. 通过学习和使用 Linux 命令，教育和引导学生做人做事都需要遵守国家的法律法规、学校的规章制度，做一个守法的好公民。
2. 通过 Hadoop 创始人的成功案例，引导学生做事要脚踏实地，求真务实，终究金子会发光。
3. Hadoop 生态圈的命名方式，使学生明白大数据时代知识量巨大，需要的技术技能繁杂，但也要永葆童真。
4. Hadoop 的基本应用，学生进行分组讨论，有效培养学生的创新意识，从而在润物无声的过程中增强机器思维的实效。

 熟悉 Linux

任务描述

Hadoop 带有用 Java 语言编写的框架，运行在 Linux 系统平台上最为理想。Linux 系统是多用户多任务操作系统，具有良好的私密性和稳定性，为 Hadoop 处理大数据集群系统、分级管理协同工作、分布式存储提供了方便。因此，需要先学习 Linux 的基础以及常用命令，为后面学习 Hadoop 奠定基础。

相关知识

2.1.1 Linux 简介

Linux 是一套免费使用和自由传播的类 Unix 操作系统，继承了 Unix 以网络为核心的设计思想，是一个多用户、多任务、支持多线程、性能稳定的多用户网络操作系统，并且支持 32 位和 64 位硬件。

2.1.2 Linux 发行版

目前较知名的 Linux 发行版有 Ubuntu、Red Hat、CentOS、Debian、Fedora、SUSE、OpenSUSE、Arch Linux、SolusOS 等，全球大约有数百款的 Linux 系统版本，每个系统版本都有自己的特性和目标人群。总的来说，Linux 发行版都是 Linux 内核与各种常用软件的集合产品。在后面学习 Hadoop 时，选择的是稳定性非常好、适合服务器使用的 CentOS（Community Enterprise Operating System，社区企业操作系统）。

2.1.3 Linux 文件

Linux 中所有内容都是以文件的形式保存和管理的，即一切皆文件。普通文件、目录、各种硬件设备（键盘、监视器、硬盘、打印机）都是文件。为了便于统一标准，所有的文件都需要遵循 FHS（Filesystem Hierarchy Standard，文件系统层次化）标准。该标准规定了 Linux 系统中所有一级目录以及部分二级目录（/usr 和 /var）的用途。Linux 中所有的文件和目录都被组织成以一个根节点"/"开始的倒置的树状结构。

Linux 系统中，文件具体可分为以下几种类型。

（1）普通文件

在 Linux 系统中，可以直接使用的文件都属于普通文件。用户可以根据访问权限的不同对文件进行查看、删除以及更改操作。

（2）目录文件

Linux 系统中，目录如同 Windows 中的文件夹。根目录（/）下包含很多的子目录（称为一级目录），各一级目录下还含有很多子目录（称为二级目录）。Linux 文件系统目录总体呈树形结构，需要有相应的权限，才可以随意访问目录中的文件。

在文件系统中，有两个特殊的目录，一个是用户所在的工作目录，即当前目录，可用一个点（"."）表示；另一个是当前目录的上一层目录，也叫父目录，用两个点（".."）表示。

Linux 常用的目录文件如表 2-1 所示。

表 2-1 Linux 常用目录及作用

一级目录	作用
/bin/	用于存放系统命令，普通用户和 root 都可以执行
/etc/	用于保存配置文件。系统内所有采用默认安装方式（rpm 安装）的服务配置文件全部保存在此目录中
/home/	普通用户的主目录（也称为家目录）。在创建用户时，每个用户要有一个默认登录和保存自己数据的位置，就是用户的主目录，所有普通用户的主目录是在 /home/ 下建立一个和用户名相同的目录

续表

一级目录	作用
/mnt/	挂载目录。用来挂载额外的设备，如 U 盘、移动硬盘和其他操作系统的分区设备
/opt/	第三方安装的软件保存位置。常用于放置和安装其他软件的位置
/root/	root 的主目录，root 主目录直接在 "/" 下
/sbin/	保存与系统环境设置相关的命令，只有 root 可以使用这些命令进行系统环境设置，但部分命令也可以允许普通用户查看
/usr/	所有系统默认的软件都存储在/usr/目录下
/var/	用于存储动态数据，例如缓存、日志文件、软件运行过程中产生的文件等

（3）字符设备文件和块设备文件

在 Linux 系统中，各种硬件都是文件，分为块设备文件和字符设备文件两种。例如，磁盘光驱属于块设备文件，串口设备则属于字符设备文件。设备文件通常隐藏存储在/dev/目录下，当进行设备读取或外设交互时才会被使用。

（4）套接字文件（socket）

套接字文件一般隐藏在/var/run/目录下，用于进程间的网络通信。

（5）符号链接文件（symbolic link）

类似于 Windows 中的快捷方式，是指向另一文件的指针（也就是软链接）。

（6）管道文件（pipe）

主要用于进程间通信。例如，使用 Mkfifo 命令创建一个 FIFO 文件，与此同时，启用进程 A 从 FIFO 文件读数据，启用进程 B 从 FIFO 文件中写数据，可以做到随写随读。

 任务实现

2.1.4 Linux 常用命令应用

Linux 命令常称之为 Shell，按照来源方式可分为内置命令和外部命令两种。内置命令是 Shell 自带的命令；外部命令是由程序员单独开发，用于执行文件的命令。Linux 中的绝大多数命令是外部命令。

Linux 常用命令可以分为查看文件、显示文件路径、切换工作目录、创建和编辑目录、创建文件等类别。

（1）查看文件 ls

ls（list 的缩写）命令用于实现查看当前路径下包含哪些文件。通过 ls 命令不仅可以查看 linux 文件夹包含的文件，而且可以查看文件权限（包括目录、文件夹、文件权限）、目录信息等。在使用中，经常需要增加一些参数，实现更加有针对性地查看文件。

```
ls：显示当前路径下所有文件列表
ls-l：以详细列表的形式显示当前路径下所有文件列表，包括文件的权限、所有者、文件大小等信息
ls-a：显示当前路径下所有文件列表，包括以.开始的隐藏文件
```

```
ls-AF：列出当前路径目录下所有文件及目录，目录名称后加"/"，可执行文件名称后加"*"
ls-h：   以易读大小显示
ls-r：   反序排列
ls-S：   以文件大小排序
ls-t：   以文件修改时间排序
```

（2）显示当前所在的工作路径 pwd

pwd 命令用于查看当前文件所在路径。

```
pwd-L：显示运行当前环境的目录
pwd-P：输出物理路径
```

（3）切换工作目录 cd

命令 cd 用于从当前目录切换到指定目录。同样，在使用的时候，可以辅助一些参数。

```
cd：指定目录，用于从当前路径切换到其他指定路径
cd ..：切换到上一级目录
cd /：切换当前目录到根目录
cd ~：进入用户在该系统的 home 目录
```

（4）创建目录 mkdir

创建新的目录，或者更改权限，通常使用 mkdir 命令。

```
mkdir a：创建一个名为 a 的空目录
mkdir-p a/b/c：递归创建多个目录，其中文件夹 a 包含文件夹 b，文件夹 b 包含文件夹 c
mkdir-m 777 d：创建权限为 777 的、名称为 d 的目录
```

（5）删除目录或文件 rm

rm 命令用来删除一个目录中的一个或多个文件或目录。如果没有使用 -r 选项，则 rm 不会删除目录。

```
rm ha：删除当前目录下文件名为 ha 的文件，系统会询问是否删除
rm-f ha：强制删除当前目录下文件名为 ha 的文件，系统不会询问是否删除
rm-i ha*：删除以字母 ha 开头的任何文件，删除前系统会逐一询问确认
```

（6）创建文件 touch

touch 命令用于创建文件。

```
touch a.txt：若当前目录下没有 a.txt 文件，则创建 a.txt 文件；如果已经有此文件，则更新文件的存取和修改时间
touch a b c：在当前目录下创建名为 a，b，c 的三个文件
touch-c a.txt：如果当前目录下没有 a.txt 文件，则不创建此文件
```

```
touch-a a2：修改文件 a2 的存取时间
touch-m a2：修改文件 a2 的修改时间
```

（7）复制文件或目录 cp

cp 命令主要用来复制文件或者目录，用于将源文件复制到目标文件，或将多个源文件复制至目标目录。参数-i 起提示的作用；-r 表示复制目录及目录内所有项目；-a 表示复制的文件与原文件时间一样。

```
cp a1 a5：将当前目录下 a1 文件复制成 a5 文件
cp-s a1 link_a5：为 a1 文件建立一个链接，即快捷方式，链接名为 link_a5
```

（8）移动文件或改名 mv

mv 命令用来移动文件位置或者修改文件名。通常包含两个参数，若第二参数是目录，则移动文件；如为文件则重命名该文件。

```
mv a.log a.txt：将 a.log 文件重命名为 a.txt
mv a1.txt a2.txt a3.txt ./a：将文件 a1.txt, a2.txt, a3.txt 移动到当前目录下的 a 目录中
mv-i lg1.txt lg2.txt：将文件 lg1.txt 改名为 lg2.txt，如果 lg2.txt 已经存在，则询问是否覆盖
mv * ../：移动当前文件夹下的所有文件到上一级目录
```

（9）修改权限 chmod

Linux 操作系统中的文件或者目录都有访问许可权限。文件或者目录的访问权限分为只读、只写和可执行三种。用户根据自己对文件的权限进行访问和操作。用 chmod 命令可以控制文件或目录的访问权限。设置权限有两种方法，一种是包含字母和操作符表达式的文字设定法；另一种是包含数字的数字设定法。

有三种不同类型的用户可对文件或目录进行访问：文件所有者，同组用户，其他用户。所有者通常是文件的创建者。所有者可以允许同组用户有权访问文件，还可以将文件的访问权限赋予系统中的其他用户。

每一文件或目录的访问权限都有三组，每组用三位表示，分别为文件属主的读、写和执行权限；与属主同组的用户的读、写和执行权限。

chmod 的数字设定的语法格式通常为：

chmod abc file，其中 a，b，c 各为一个数字，分别表示 User、Group、Other 的权限。其中 r 代表可读取，用数字 4 表示；w 代表可写入，用数字 2 表示；x 代表可执行，用数字 1 表示。

若要描述 rwx 属性，数字描述则是 4+2+1=7；若要描述 r-w 属性，数字描述则是 4+2=6；同理，要描述 r-x 属性，则是 4+1=5。具体含义见表 2-2。

```
chmod a+x t.log：增加文件 t.log 所有用户可执行权限
chmod 751 a.txt-c：对 a.txt 文件的属主分配读、写、执行(7)的权限，给 a.txt 文件的所在组分配读、执行(5)的权限，给其他用户分配执行(1)的权限
```

表 2-2　chmod 命令中数字分别对应的权限及含义

数字	权限	含义
7	读+写+执行	rwx
6	读+写	rw-
5	读+执行	r-x
4	只读	r-
3	写+执行	-wx
2	只写	-w-
1	只执行	-x
0	无	—

（10）压缩和解压文件 tar

tar 命令用来压缩和解压文件。打包是指将一大堆文件或目录变成一个总的文件；压缩则是将一个大的文件通过一些压缩算法变成一个小文件。

```
tar-cvf log.tar a1.txt,a2.txt：将文件 a1.txt, a2.txt 全部打包成 tar 包
tar-ztvf /tmp/etc.tar.gz：查看刚打包的文件内容
```

（11）修改文件或文件夹权限 chown

chown 命令用于更改某个文件或目录的属主和属组，可以将指定文件的拥有者更改为指定的用户或组，用户可以是用户名或者用户 ID；组可以是组名或者组 ID；文件是以空格分开的要改变权限的文件列表，支持通配符。

chown 命令在使用时，可以增加两个参数，具体含义如下。

-R：递归式地改变指定目录及其下的所有子目录和文件的拥有者。

-v：显示 chown 命令所做的工作。

```
chown a b.txt：将文件 b.txt 的所有者更改给 a 用户
chown -R me:mail  test/：改变 test 文件夹及子文件目录属主更改成 me，属组改成 mail
```

任务 2　认识 Hadoop

任务描述

Hadoop 是一个开源软件框架，用于在商用硬件集群上存储数据和运行应用程序，是用于分布式服务器集群上存储海量数据并运行分布式分析应用的一个平台。它为任何类型的数据提供海量存储，具有巨大的处理能力以及处理几乎无限的并发任务或作业的能力。

相关知识

2.2.1　Hadoop 简介

Hadoop 是一个由 Apache 基金会所开发的，具有可靠性、可扩展性的分布式计算机存储

系统。可以使用户在不了解分布式底层细节的情况下开发分布式程序，充分利用集群的威力进行高速运算和存储。Hadoop 是基于 Java 语言开发的，具有良好的跨平台特性，并且可以部署在低廉的计算机集群中。Hadoop 可以解决大数据存储和大数据分析两大问题，即 Hadoop 的两大核心问题——分布式文件系统（Hadoop Distributed File System，HDFS）和 MapReduce，Hadoop2.0 还包括 YARN。HDFS 为海量的数据提供存储，而 MapReduce 为海量的数据提供计算。

2.2.2 Hadoop 发展史

Hadoop 之父 Doug Cutting，于 2004 年和同为程序员出身的 Mike Cafarella 决定开发一款可以代替当时的主流搜索产品的开源搜索引擎，这个项目被命名为 Nutch。Doug Cutting 希望以开源架构开发出一套搜索技术，类似于现在的 Google Search 或是微软的 Bing。刚好 2004 年 Google 发布了关于大数据分析、MapReduce 算法的两篇论文。Doug Cutting 利用 Google 公开的技术扩充他已经开发出来的 Lucene 搜索技术，进而研发出以他儿子的玩具（一个大象）名字命名的 Hadoop。

2006 年 1 月，Doug Cutting 加入 Yahoo，领导 Hadoop 的开发，至此，开启了 Hadoop 快速发展的历程。

Hadoop 从诞生到演化，发展的历程如图 2-1 所示。

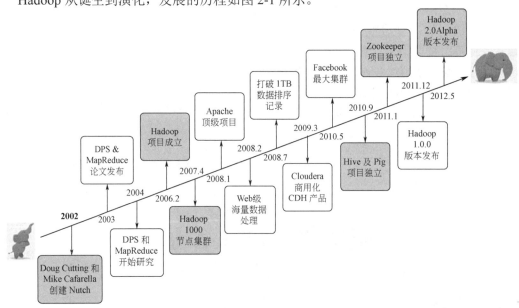

图 2-1　Hadoop 发展历程

从 Hadoop 2.0 发布后，逐渐被更多的人关注和使用，不断更新推出了多种升级版。2014 年 4 月，发布了 Hadoop 2.4.0；2014 年 8 月，Hadoop 2.5.0 发布；2014 年 11 月，Hadoop 2.6.0 发布；2015 年 7 月，Hadoop 2.7.0 发布；2015 年 7 月，Hadoop 2.7.1 发布。

2.2.3 Hadoop 发行版本

Hadoop 主要有 Apache Hadoop、Cloudera Manager、Horton Works、mapR、DKhadoop 等发行版。

（1）基础版本 Apache Hadoop

Apache Hadoop 是最原始的 Hadoop 版本，所有发行版均基于这个版本进行改进。可以登录网站 http://hadoop.apache.org/进行下载，拥有全世界的开源贡献者，代码更新迭代版本比较快，但版本的升级、维护、兼容性等都可能由于考虑不周到而缺乏及时的更新。建议在实际生产工作环境尽量不要使用。

（2）免费开源版本 HortonWorks

HortonWorks 版本是免费、完全对外开源的，HortonWorks 有两款核心产品，即 HDP 和 HDF，都是企业级数据管理平台。HDP 的核心是 YARN 和 HDFS。YARN 是资源管理系统，可以使用户同时以多种方式处理数据，而 HDFS 则提供高效、分布式、高容错的大数据存储。HDF 是 2015 年推出的实时数据流管理平台，是对 HDP 的补充。

（3）收费版 Cloudera Manager

Cloudera Manager 主要是由美国一家大数据公司在 Apache 开源 Hadoop 的版本上，通过自己公司内部的各种补丁开发出来的，实现版本之间的稳定运行，大数据生态圈的各个版本的软件都提供了对应的版本，解决了版本的升级困难、版本兼容性等各种问题，生产环境强烈推荐使用。

2.2.4 Hadoop 基本概念

（1）HDFS

HDFS 是可扩展、容错、高性能的分布式文件系统，具有异步复制、一次写入多次读取的特点，主要负责存储，可以进行创建、删除、移动或重命名文件或文件夹等操作，与 Linux 文件系统类似。

（2）MapReduce

MapReduce 是分布式计算框架，包含 Map(映射)和 Reduce(归约)过程，负责在 HDFS 上进行计算。

（3）集中式系统

集中式系统可以理解为一个主机带多个终端。终端没有数据处理能力，仅负责数据的录入和输出。而运算、存储等全部在主机上进行。现在大部分的银行系统，都是这种集中式的系统。此外，在大型企业、科研单位、政府等也有分布。集中式系统，主要流行于 20 世纪。

（4）分布式系统

分布式系统是由一组通过网络进行通信、为了完成共同的任务而协调工作的计算机节点组成的系统。分布式系统可以理解为一群独立计算机集合共同对外提供服务，但是对于系统的终端用户来说，就像是一台计算机在提供服务一样。分布式意味着可以采用更多的普通、廉价的计算机组成分布式集群对外提供服务，并且能够并发处理更大的数据量。

（5）分布式存储

分布式存储是一种数据存储技术，简单来说，就是将数据分散存储到多个存储服务器上，并将这些分散的存储资源构成一个虚拟的存储设备，实际上数据分散地存储在服务器的各个角落。大型网站常常需要处理海量数据，单台计算机往往无法提供足够的内存空间，可以对这些数据进行分布式存储。

（6）分布式计算

简单来说，分布式计算是把一个大计算任务拆分成多个小计算任务分布到若干台机器上去计算，然后再进行结果汇总。其目的是为了解决海量数据利用集中式计算，会耗费相当长的时间来完成的问题，这样可以节约整体计算时间，大大提高计算效率。

（7）结构化数据

结构化数据也被称为定量数据，是具体既定格式的二维形式的数据，是高度组织和整齐格式化的数据。它是可以放入表格和电子表格中的数据类型。在数据库中，通常关系型数据库都是结构化数据。结构化数据如表 2-3 所示。

表 2-3 结构化数据

学号	姓名	性别	出生日期	班级
1001	张晓莉	女	2002-3-3	大数据技术与应用
1002	陈鹏飞	女	2002-6-6	人工智能技术服务
1003	王瑞晨	男	2002-11-12	大数据技术与应用
1004	王博通	男	2002-12-1	人工智能技术服务
1005	方晓	女	2002-2-10	智能制造
1006	欧阳奕奕	男	2002-5-8	智能制造

（8）半结构化数据

半结构化数据是非关系模型，但有基本固定结构模式的数据，例如日志文件、XML 文档、JSON 文档、E-mail 等，有较好的可扩展性。

例如：

```
<person>
    <name>张良</name>
    <age>18</age>
    <gender>男</gender>
    ……
</person>
```

可以根据描述需要，添加人的新的属性，且属性的顺序可以任意。

（9）非结构化数据

非结构化数据就是没有固定结构的数据。例如各种文档、图片、视频及音频等都属于非结构化数据。

（10）集群

服务器集群就是指将很多服务器集中起来一起进行同一种服务，在客户端看来就像是只有一个服务器。集群可以利用多个计算机进行并行计算从而获得很高的计算速度，也可以用多个计算机做备份，即使其中任何一台机器坏了整个系统还是能正常运行。

2.2.5 Hadoop 的优点

Hadoop 是一个能够让用户轻松架构和使用的分布式计算的平台。用户可以在 Hadoop 上轻松地开发和运行处理海量数据。

（1）高可靠性

Hadoop 能自动地维护数据的多份副本，保证数据不丢失，并且在任务失败后能自动重新部署计算任务。

（2）高扩展性

Hadoop 是在可用的计算机集簇间分配数据并完成计算任务的，这些集簇可以方便地扩展到数以千计的节点中，保证服务不受限制，并能可靠地存储和处理千兆字节数据。

（3）高效性

Hadoop 通过分发数据，能够在节点之间动态地移动数据、并行处理，并保证各个节点的动态平衡，因此处理速度非常快。

（4）高容错性

Hadoop 能够自动保存数据的多个副本，并且能够自动将失败的任务重新分配。

（5）低成本

与一体机、商用数据仓库以及 QlikView、Yonghong Z-Suites 等数据集市相比，Hadoop 是开源的，项目的软件成本因此会大大降低。

任务实现

2.2.6　Hadoop 基本使用

当前社会大数据 Hadoop 应用开发技术正在迅速推进中，大数据不仅仅应用在互联网领域，更是已经被上升发展到了国家战略的高度层面。大数据正在深刻影响和改变人们的日常生活和工作方式。Hadoop 大数据现已应用在生活的方方面面，具体举例阐述如下。

（1）政务大数据

政务大数据以建设智慧城市，提升服务群众的速度等为己任，以数据集中和共享为途径，推动技术创新、数据整合，做到信息互通，形成覆盖面广、统筹利用、统一接入的数据共享大平台，构建全国信息资源共享体系，实现可以跨层级、地域、部门、业务等的协同管理和服务。目前北京、深圳、兰州、福州等许多城市已经使用了政务大数据并切实提升了服务百姓的速度和质量。

（2）企业大数据

企业大数据平台正在逐步成为当前许多大型企业信息化建设的核心任务和目标，通过构建和使用企业大数据平台，可以更好地实现资源整合优化、集中数据采集、数据加工、统一数据共享及服务、提高企业运营效率、最大化释放数据价值，最终实现"数据整合运用、管理和生产应用创新、数据统一汇聚共享"等目标。

（3）智慧城市停车

当前车辆保有量逐年攀升，但停车难的问题越来越突出，困扰着人们的生活、工作等。智慧城市停车大数据平台，借助互联网和物联网等技术，实现高智能化路边停车、区位停车规划，改变原有买断停车位的管理方式，实现车位灵活停车问题。

车辆进出停车场不需要停车等待，通过智能停车向导、精准定位停车位、停车收费等手段简化停车流程，实现了快速停车、反向寻车、快速缴费等自动化功能，帮助车场经营方盘活车位资源，提高单个车位的盈利能力，进而缓解了停车难、收费慢，实现整体业务营收的提升，大大提高了通行效率。

任务3　准备 Linux 环境

Hadoop 是基于 Java 语言开发的，具有良好的跨平台特性，最好运行在 Linux 操作系统环境下，并且可以部署在低廉的计算机集群中。在 Hadoop 2.2.0 版本之前，Hadoop 仅支持 Linux 操作系统，而 Windows 仅作为实验平台使用；从 2.2.0 开始，Hadoop 开始支持 Windows 操作系统，可以通过在 Windows 操作系统中安装 Linux 虚拟机的方式，搭建 Hadoop 环境。

为了便于初学者在通用的 Windows 操作系统环境下安装 Hadoop，在此选择安装 VMware 虚拟机的方式实现 Linux 环境搭建。

2.3.1　虚拟机简介

虚拟机（Virtual Machine）是通过软件技术虚拟出来的一台计算机，它在使用层面和真实的计算机并没有什么区别。

常见的虚拟机软件有 VMware Workstation（简称 VMware）、VirtualBox、Microsoft Virtual PC 等，其中 VMware 市场占有率最高，本书以 VMware 为例来讲解 Linux 的安装。

2.3.2　VMware 虚拟机

VMware 可以使人们在一台计算机上同时运行多个操作系统，例如同时运行 Windows、Linux 和 Mac OS。在计算机上直接安装多个操作系统，同一个时刻只能运行一个操作系统，重启才可以切换；而 VMware 可以同时运行多个操作系统，可以像 Windows 应用程序一样来回切换。

2.3.3　安装虚拟机

在 Windows 环境下安装虚拟机 VMware，实现构建 Hadoop 基础环境，具体步骤如下。

① 登录 VMware 官网下载 VMware，然后安装。
② 安装完成后，打开 VMware，如图 2-2 所示。

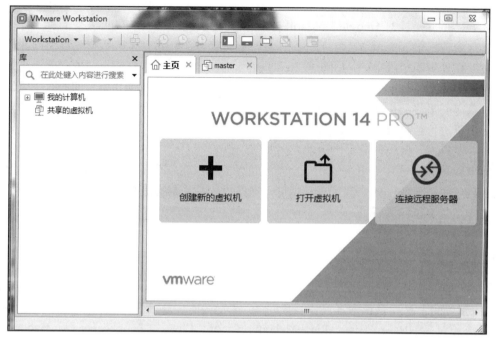

图 2-2　VMware 虚拟机

　Hadoop 基础环境搭建

任务描述

大数据学习的基础首先需要认识和熟悉 Hadoop 核心知识、生态社区包括哪些内容以及 Hadoop 环境搭建前都需要做哪些基础准备工作等。带着这些疑问开启下面的学习。

相关知识

2.4.1　Hadoop 核心知识

Hadoop 的核心是 HDFS 和 MapReduce，Hadoop2.0 还包括 YARN（Yet Another Resource Negotiator，另一种资源协调者）。

（1）HDFS Hadoop 的分布式文件系统

HDFS Hadoop 的分布式文件系统是 Hadoop 体系中数据存储管理的基础，是针对 Google 文件系统 GFS 的开源实现的。它是一个高度容错的系统，能检测和应对硬件故障，用于在低成本的通用硬件上运行。HDFS 简化了文件的一致性模型，通过流式数据访问，提供高吞吐量应用程序数据访问功能，适合带有大型数据集的应用程序。HDFS 放宽了一部分 POSIX（Portable Operating System Interface）约束，从而实现以流的形式访问系统中的数据。

（2）MapReduce（分布式计算框架）

MapReduce 是针对 Google 的 MapReduce 的开源实现的。MapReduce 是一种计算模型，用以进行大数据量（大于 1TB）的并行计算，它将复杂的、运行于大数据集群上的并行计算过程高度抽象到两个函数——Map 和 Reduce 上。其中 Map 对数据集上的独立元素进行指定的操作，生成键值对形式的中间结果。Reduce 则对中间结果中相同"键"的所有"值"进行规约，以得到最终结果。MapReduce 这样的功能划分，非常适合在大量计算机组成的分布式并行环境里进行数据处理。

（3）YARN（另一种资源协调者）

YARN 是 Hadoop 2.0 引入的一个全新的通用资源管理系统，它是一个通用资源管理系统，可为上层应用提供统一的资源管理和调度，它的引入为集群在利用率、资源统一管理和数据共享等方面带来了巨大好处。

2.4.2 Hadoop 生态社区

随着 Hadoop 迅速发展，现在 Hadoop 有许多项目，可以称为 Hadoop 的子集。许多 Hadoop 相关的生态项目也随之产生。Hadoop 除了核心的 HDFS 和 MapReduce 外，Hadoop 生态系统还包括 HBase、Hive、Pig、Mahout、Sqoop、Flume、Zoopkeeper 等。Hadoop 生态圈如图 2-3 所示。

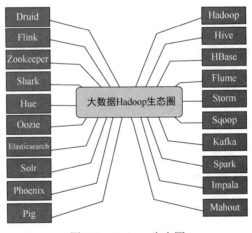

图 2-3 Hadoop 生态圈

Hadoop 生态圈中常用的组件如下。

（1）Hive（基于 Hadoop 的数据仓库）

Hive 是一个基于 Hadoop 的数据仓库工具，可以用于对 Hadoop 文件中数据集进行整理、特殊查询和分析存储等。Hive 定义了一种类似 SQL 的查询语言（HQL），将 SQL 转化为 MapReduce 任务在 Hadoop 上执行，通常用于离线分析。

（2）HBase（分布式列存储数据库）

HBase 是一个针对结构化数据的可伸缩、高可靠、实时读写、高性能、分布式和面向列的动态模式数据库。和传统关系数据库不同，HBase 采用了 BigTable 的数据模型——增强的稀疏排序映射表（Key/Value），其中，键由行关键字、列关键字和时间戳构成。HBase 提供了对大规模数据的随机、实时读写访问，同时，HBase 中保存的数据可以使用 MapReduce 来处理，它将数据存储和并行计算完美地结合在一起。

（3）Zookeeper（分布式协作服务）

Zookeeper 是针对 Google 的 Chubby 的一个开源实现，是高效、可靠的协同工作系统。Zookeeper 解决分布式环境下的数据管理问题：统一命名，状态同步，集群管理，配置同步等。Zookeeper 使用 Java 编写，很容易编程接入。

（4）Sqoop（数据同步工具）

Sqoop 是 SQL-to-Hadoop 的缩写，主要用于传统数据库和 Hadoop 之间传输数据。通过 Sqoop 可以方便地将数据从 MySQL、Oracle、PostgreSQL 等关系数据库中导入 Hadoop，或者将数据从 Hadoop 导出到关系数据库。数据的导入和导出本质上是 MapReduce 程序，充分利用了它的并行化和容错性。Sqoop 是专门为大数据集设计的，支持增量更新，可以将新记录添加到最近一次导出的数据源上，或者指定上次修改的时间戳。

（5）Pig（基于 Hadoop 的数据流系统）

Pig 是一种数据流语言和运行环境，由 Yahoo 公司开源，其目的是使用 Hadoop 和 MapReduce 平台来查询大型半结构化数据集。定义了一种数据流语言——Pig Latin，将脚本转换为 MapReduce 任务在 Hadoop 上执行。通常用于进行离线分析。

（6）Mahout（数据挖掘算法库）

Mahout 是 Apache 软件基金会旗下的一个开源项目。其主要目标是通过创建一些可扩展的机器学习领域经典算法，帮助开发人员更加方便快捷地创建智能应用程序。Mahout 现在已经包含了聚类、分类、推荐引擎（协同过滤）等广泛使用的数据挖掘方法。除了算法，Mahout 还包含数据的输入/输出工具、与其他存储系统（如数据库、MongoDB）集成等数据挖掘支持架构。

（7）Flume（日志收集工具）

Flume 是 Cloudera 开源的日志收集系统，具有分布式、高可靠、高容错、易于定制和扩展的特点。它将数据从产生、传输、处理并最终写入目标路径的过程抽象为数据流，在具体的数据流中，数据源支持在 Flume 中定制数据发送方，从而支持收集各种不同协议数据。同时，Flume 数据流提供对日志数据进行简单处理的能力，如过滤、格式转换等。此外，Flume 还具有能够将日志写往各种数据目标（可定制）的能力。总的来说，Flume 是一个可扩展、适合复杂环境的海量日志收集系统。

（8）Storm

Storm 是 Twitter 开源的分布式实时大数据处理框架，最早开源于 github，从 0.9.1 版本之后，归于 Apache 社区，被业界称为实时版 Hadoop。随着越来越多的场景对 Hadoop 的 MapReduce 高延迟无法容忍，如网站统计、推荐系统、预警系统、金融系统(高频交易、股票)等，大数据实时处理解决方案（流计算）的应用日趋广泛，目前已是分布式技术领域最新爆发点，而 Storm 更是主流计算技术中的佼佼者。

（9）Flink

Flink 是一个针对流数据和批数据的分布式处理引擎。其所要处理的主要场景就是流数据，而批数据只是流数据的一个极限特例。Flink 最大的特点是会把所有任务当成流来处理,支持本地的快速迭代,以及一些环形的迭代任务,并且 Flink 可以定制内存管理。

（10）Spark

Spark 是一个新兴的大数据处理通用引擎,提供了分布式的内存抽象。Spark 最大的特点就是快（Lightning-fast）,可比 Hadoop MapReduce 的处理速度快 100 倍以上。此外,Spark 提供了简单易用的应用程序接口（API）,较短代码就能实现 WordCount。

（11）Kafka

Kafka 是一种高吞吐量的分布式发布订阅消息系统,它可以处理庞大规模网站中的所有动态流数据。即使在非常廉价的商用机器上也能做到单机支持每秒 100KB 条消息的传输。Kafka 的目的是通过 Hadoop 的并行加载机制来统一线上和离线的消息处理,也是为了通过集群来提供实时的消费。

 任务实现

2.4.3 安装主机 master

在 Windows 环境下安装 VMware 后,就可以安装主机了,具体步骤如下。

① 启动 VWware 虚拟机。

② 单击"创建新的虚拟机",打开"新建虚拟机向导"窗口,如图 2-4 所示。

图 2-4 "新建虚拟机向导"窗口

③ 选择默认的"典型（推荐）(T)",单击"下一步"按钮,打开"新建虚拟机向导-安装客户机操作系统"窗口。

④ 安装来源选择"安装程序光盘映像文件（iso）（M）"，并通过"浏览"按钮，实现选择准备好的 CentOS-6.5-X64.iso 镜像文件，如图 2-5 所示。

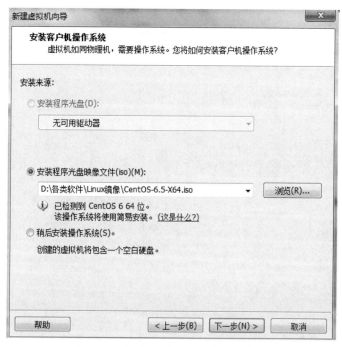

图 2-5 "安装客户机操作系统"窗口

⑤ 单击"下一步"按钮，打开"新建虚拟机向导-简易安装信息"窗口，输入用户名和密码，这里为了识别方便，均输入的是 hadoop，如图 2-6 所示。

图 2-6 "简易安装信息"窗口

⑥ 单击"下一步"按钮,打开"新建虚拟机向导-命名虚拟机"窗口,设置虚拟机的名称和安装路径,如图 2-7 所示。

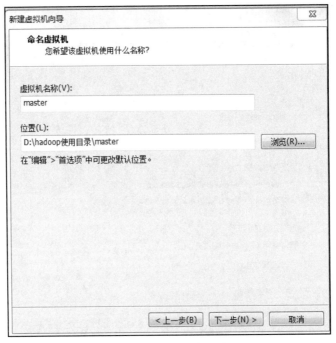

图 2-7 "命名虚拟机"窗口

⑦ 单击"下一步"按钮,打开"新建虚拟机向导-指定磁盘容量"窗口,设置"最大磁盘容量"并选择"将虚拟磁盘存储为单个文件",这里为了便于存储和维护,设置了 20GB 的容量,如图 2-8 所示。

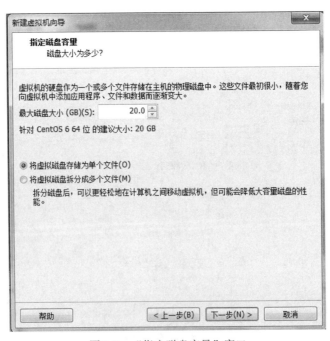

图 2-8 "指定磁盘容量"窗口

⑧ 单击"下一步"按钮，打开"新建虚拟机向导-已准备好创建虚拟机"窗口，查看创建虚拟机的各项信息，如图 2-9 所示。

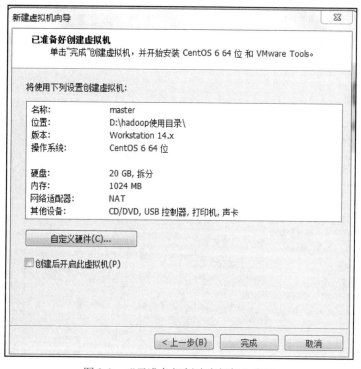

图 2-9 "已准备好创建虚拟机"窗口

⑨ 单击"完成"按钮，实现虚拟机的安装。

⑩ 打开 VMware，单击"我的计算机"中的 master 虚拟机，在右侧窗口中单击"开启此虚拟机"，则系统开始安装并加载，经过一段时间，安装成功并启动该虚拟机，如图 2-10 所示。

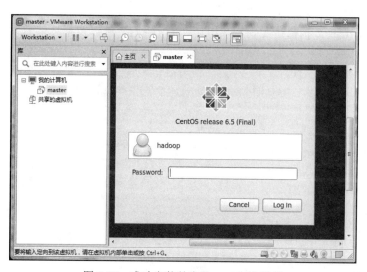

图 2-10 成功安装并启动 master 虚拟机

2.4.4 拍快照保留历史数据

为了避免虚拟机系统出现故障不能使用的情况，在此可以借助拍快照的方式保存历史虚拟机系统。目的是为了日后需要恢复系统的时候，不用重新安装虚拟机，而是可以从快照位置处恢复。操作步骤如下。

① 如果 master 虚拟机处于开机状态，则需要先关闭虚拟机，可以利用命令 shut down 或者 power off 命令。

② 右击"我的计算机"中"master"主机，选择"快照/拍摄快照"，如图 2-11 所示。

图 2-11 "主机 master"的"快照"子菜单

③ 系统打开 master-拍摄快照窗口，在此设置快照的名称以及描述信息，如图 2-12 所示。

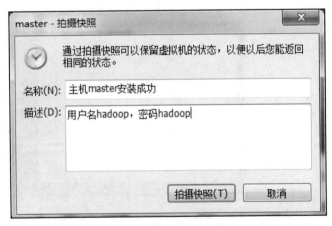

图 2-12 "拍摄快照"窗口

④ 单击"拍摄快照"按钮即可实现创建完成快照。

2.4.5 更改主机名称

为了系统便于识别主机名称,需要对其进行更改。

首先在主机 master 上执行。

① 单击主机"master",选择右侧的"开启此虚拟机"启动主机。如图 2-13 所示。

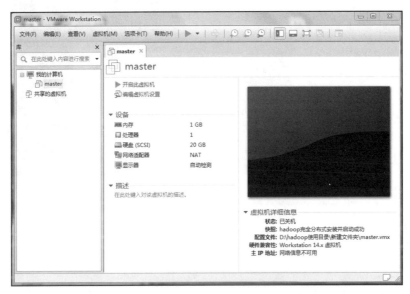

图 2-13 虚拟机启动界面

② 输入用户"hadoop"的登录密码(前面 2.4.3 中设置的登录密码),成功进入主机的工作界面。如图 2-14 所示。

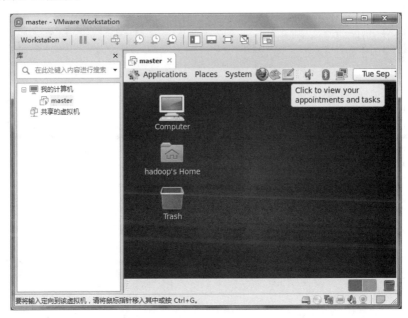

图 2-14 主机 maser 工作界面

③ 单击菜单"Applications/System Tools/Terminal",如图 2-15 所示。

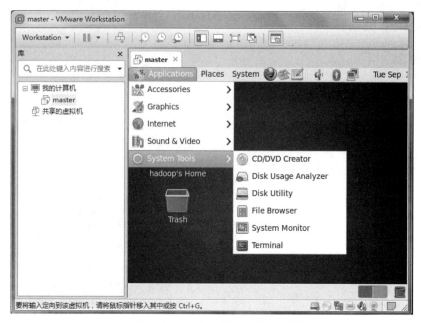

图 2-15　Applications/System Tools 菜单

④ 打开系统终端窗口，如图 2-16 所示。

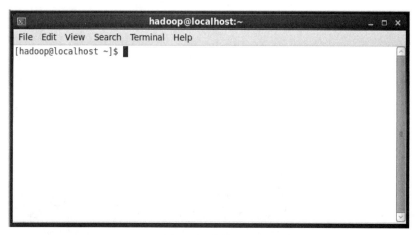

图 2-16　终端窗口

⑤ 输入命令 su 并回车，系统会提示输入登录密码，这里输入的是"hadoop"，切换到 root 用户，如图 2-17 所示。

⑥ 输入命令 vi　/etc/sysconfig/network，打开如图 2-18 所示的窗口。

⑦ 按字母 i 进入用户编辑状态，修改内容为：

```
NETWORKING=YES
HOSTNAME=master
```

⑧ 输入信息后，按键盘上的"Esc"键，并输入":wq"，保存退出。

⑨ 输入 hostname master，用于确认修改内容生效。

⑩ 重新打开终端查看，系统已经修改主机名为 master，如图 2-19 所示。

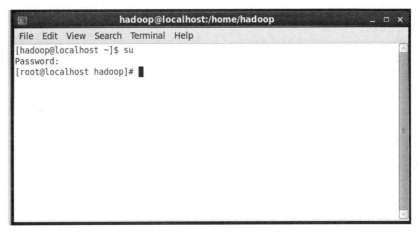

图 2-17　切换到 root 用户

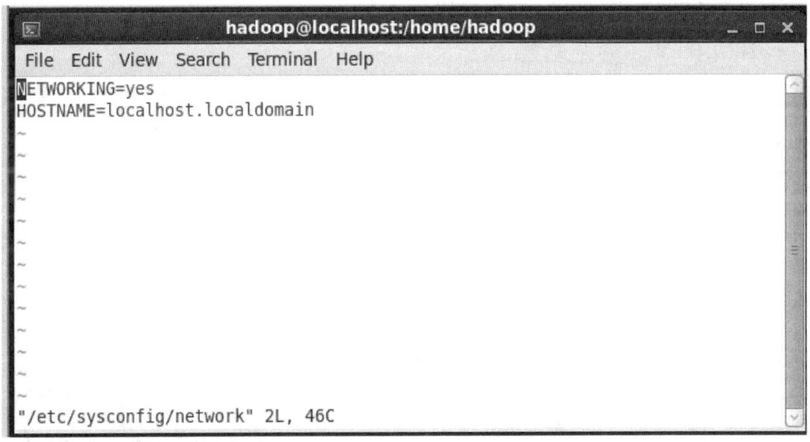

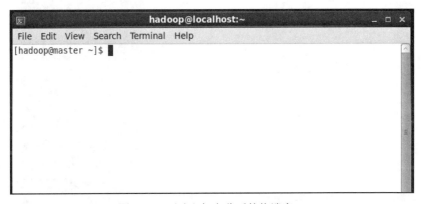

图 2-18　编辑/etc/sysconfig/network

图 2-19　更改主机名称后的终端窗口

【注意】
① 主机名即是系统启动虚拟机时显示的名称。

② 可以在终端输入命令 hostname，查看系统是否已经更改了主机名 master。

③ 可以按照同样的步骤，在项目 3 完全分布式模式安装时，需要对从机 slave 进行更改名称，并设置从机名称为 slave。

2.4.6 设置共享文件夹

如果提前将安装软件下载在 Windows 系统，则需要通过共享文件夹的方式，将提前下载的 JDK 安装包、Hadoop 文件等拷贝到虚拟机系统中。

具体操作如下。

① 打开 VMware，右击主机 master，单击"设置"，如图 2-20 所示。

② 系统打开"虚拟机设置"窗口，单击"选项"选项卡，选择"共享文件夹"，如图 2-21 所示。

③ 在图 2-21 右侧"文件夹共享"中，选择"总是启用"并单击"添加"按钮，打开"添加共享文件夹向导"窗口，如图 2-22 所示。

④ 单击"下一步"按钮，打开"添加共享文件夹向导-命名共享文件夹"窗口，设置需要共享的文件路径和文件名，如图 2-23 所示。

⑤ 单击"下一步"按钮，打开"添加共享文件夹向导-指定共享文件夹属性"窗口，如图 2-24 所示。

⑥ 单击"完成"按钮，实现文件夹共享并且系统切换到图 2-21 所示的界面。

⑦ 单击"确定"按钮，完成共享文件夹设置。

图 2-20　主机的快捷菜单

图 2-21 设置共享文件夹

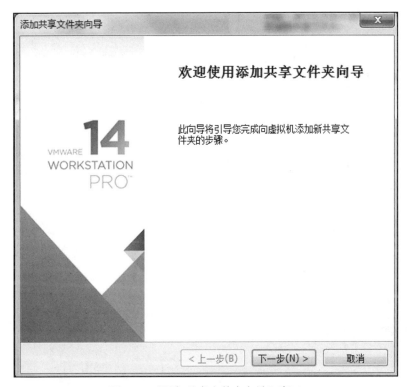

图 2-22 "添加共享文件夹向导"窗口

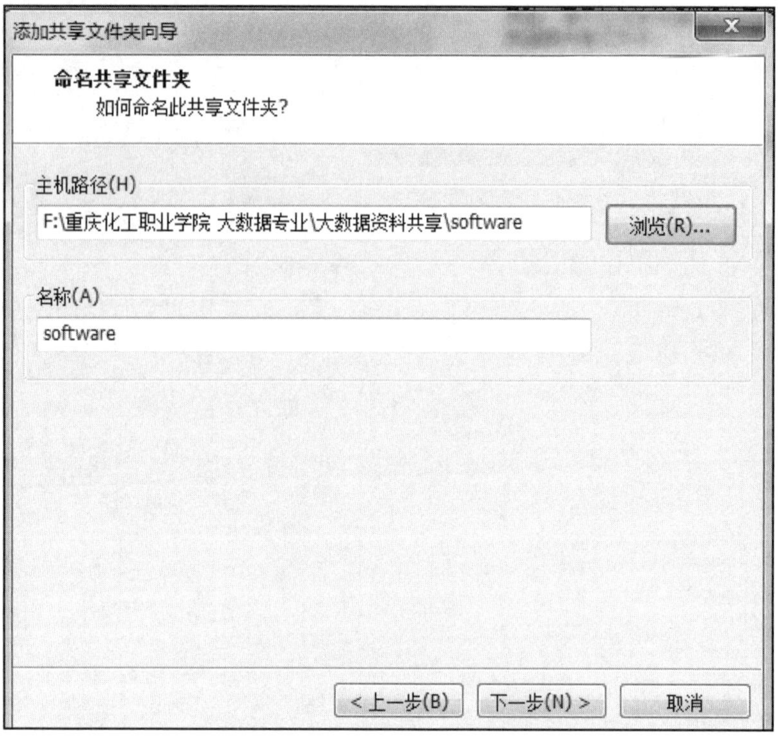

图 2-23 命名共享文件夹的路径和文件名

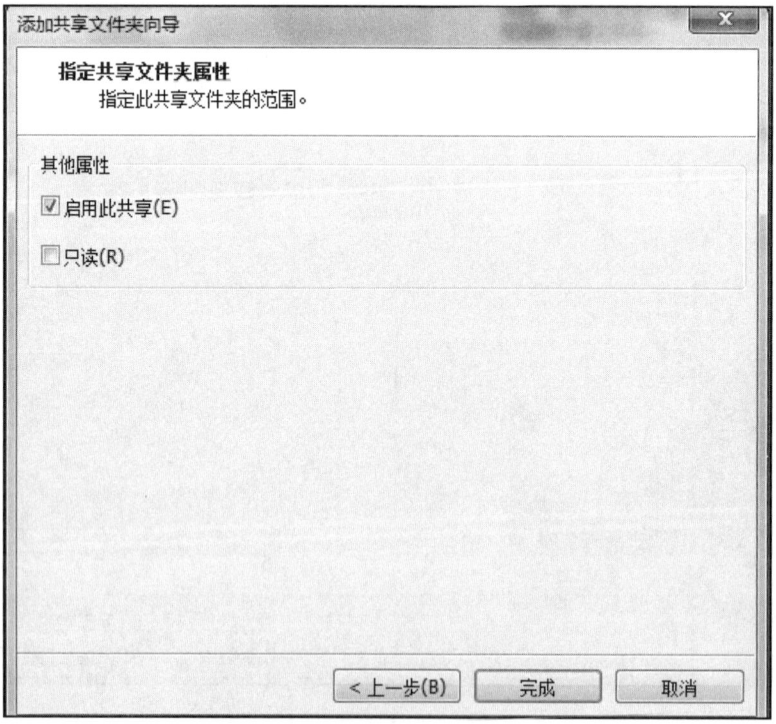

图 2-24 "指定共享文件夹属性"窗口

2.4.7 安装 Java 并配置环境

（1）安装 Java

安装 Java 时，需要注意 Java JRE（Java Runtime Environment Java 运行环境）和 Java JDK（Java Development Kit Java 软件开发工具包），既包括 JRE，还包括开发 Java 所需的工具和类库。操作步骤如下。

① 在图 2-14 所示窗口中，打开主机 master 桌面的"Computer"并双击"Filesystem"，如图 2-25 所示。

图 2-25　主机 master 的 Filesystem 目录

② 依次双击文件夹"mnt/hgfs/software/hadoop"，将事先准备好的 JDK 安装包（jdk-8u11-linux-x64.tar.gz）、Hadoop 安装包（hadoop-2.5.1.tar.gz）等软件拷贝到主机 master 的桌面上。

③ 在主机 master 的桌面，右击选择"Open in Terminal"，如图 2-26 所示，打开 master 终端窗口。

④ 输入命令 cd/home/hadoop，切换到此目录下。

⑤ 输入命令 mkdir java，新建一文件夹，用于存放 java。

⑥ 输入命令 cd java，进入到/home/hadoop/java 目录下。

⑦ 输入命令 mv/home/hadoop/Desktop/jdk-8u11-linux-x64.tar.gz.，将桌面的 JDK 安装包移动到/home/hadoop/java 目录下，如图 2-27 所示。

⑧ 输入命令 tar-xvf jdk-8u11-linux-x64.tar.gz，解压 java 包并安装。

⑨ 输入命令 tar -xvf jdk-8u71-linux-x64.gz，解压 Java 包并安装。

（2）配置 Java 环境

使用 Java 前，需要配置 JAVA_HOME 环境变量。可以在~/.bash_profile 中进行设置。操作步骤如下。

图 2-26　主机 master 桌面快捷菜单

```
[hadoop@master ~]$ cd java
[hadoop@master java]$ mv /home/hadoop/Desktop/jdk-8u11-linux-x64.tar.gz .
```

图 2-27　拷贝 JDK 到指定目录

① 输入命令 vim ~/.bash_profile，打开 ~/.bash_profile 文件。
② 输入字母 i 进入编辑状态，并且在文件最后面添加：

```
export JAVA_HOME= /usr/java/jdk1.7.0_71/
export PATH=$JAVA_HOME/bin:$PATH
```

用于指向 JDK 的安装位置，如图 2-28 所示。

图 2-28　配置 Java 环境变量

③ 输入结束后，按键盘上的 Esc 键退出编辑状态，并且输入 ":wq"，保存退出并返回到终端窗口。

④ 输入命令 source ~/.bash_profile，让环境变量生效。
⑤ 输入命令 java –version 出现 Java 的版本信息，表明 Java 配置环境成功。

可以输入 echo $JAVA_HOME，显示环境变量信息，查看前后显示的信息是否相同。如图 2-29 所示。

```
[hadoop@master java]$ java -version
java version "1.8.0_11"
Java(TM) SE Runtime Environment (build 1.8.0_11-b12)
Java HotSpot(TM) 64-Bit Server VM (build 25.11-b03, mixed mode)
[hadoop@master java]$ echo $JAVA_HOME
/home/hadoop/java/jdk1.8.0_11/
[hadoop@master java]$
```

图 2-29　检验 Java 配置环境

任务 5　Notepad++实现共享编辑

在 Linux 操作系统编辑或修改参数配置信息时，经常使用 vi 命令，编辑修改信息时需要按字母 i 修改，编辑信息后，按 Esc 键，再输入:wq 保存退出。而且在输入信息时如果输入错误，系统并不能及时出现提醒，这样会使用户反复修改验证比较麻烦，在此推荐使用 Notepad++，方便快捷，可以高亮显示代码，并且实现在 Windows 环境下可以编辑 Linux 系统中的内容。

相关知识

2.5.1　Notepad++简介

Notepad++是运行在 Windows 操作系统下的一种文本编辑器，可以支持 C、C++、Java、C#、XML、SQL 等多种代码编辑，有完整的中文化接口并且支持多国语言编写的功能。

Notepad++功能相当于 Windows 中的记事本，但功能比其强大得多。除了可以用来编辑一般的纯文字类的文件外，还可以编写计算机程序代码。Notepad++不仅有语法高亮度显示，也有语法折叠功能，并且支持宏以及扩充基本功能的外挂模组。

2.5.2　下载并编辑 Notepad++

（1）下载 Notepad++软件

Notepad++是一款非常有特色的编辑器，而且是开源软件，可以免费使用。可以到官网下载该软件。

Notepad++软件下载后，无需安装可以直接使用。

（2）修改为中文版

在 Notepad++官网下载后，软件默认是英文版，如果需要设置为中文版，具体操作如下。

① 将下载的 Notepad++文件压缩包解压，单击文件夹中 Notepad++.exe 文件，即可启动 Notepad++，如图 2-30 所示。

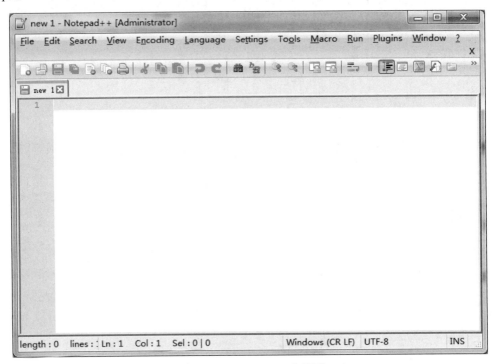

图 2-30　Notepad++工作界面

② 单击菜单"Settings/Preferences"，打开 Preferences 窗口，如图 2-31 所示。

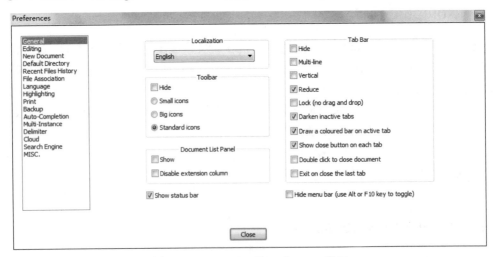

图 2-31　Notepad++的 Preferences 窗口

③ 单击"localization",默认是 English 项,修改为"中文简体",界面随之修改,如图 2-32 所示。

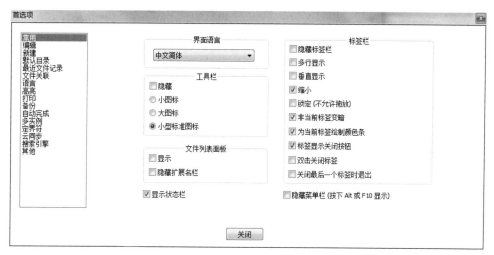

图 2-32　Preferences 窗口更改为中文显示界面

④ 单击图 2-32 的"关闭"按钮。

2.5.3　实现远程连接 Linux

利用 Notepad++实现 Windows 和虚拟机之间的文件共享,具体操作如下。

① 启动 Notepad++,单击菜单"插件/插件管理",如图 2-33 所示。系统将打开如图 2-34 所示的"插件管理"窗口。

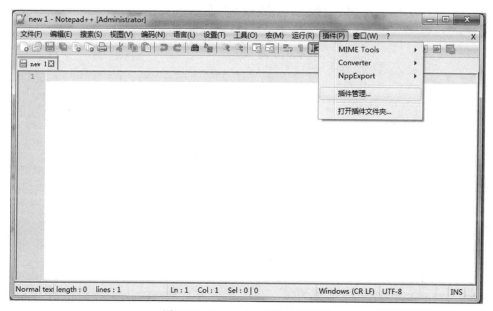

图 2-33　Notepad++"插件"菜单

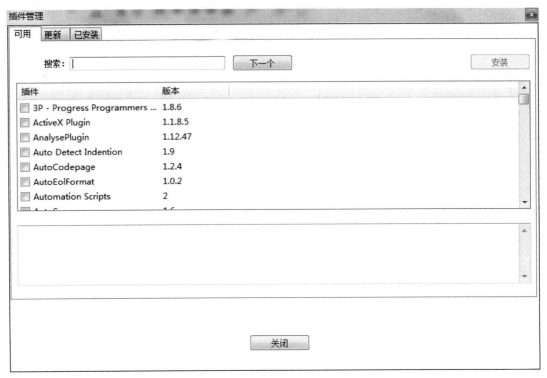

图 2-34 "插件管理"窗口

② 在"可用"选项卡中,勾选"NppFTP"并单击右上角的"安装"按钮,系统弹出确认窗口,如图 2-35 所示,单击"是"按钮,将开启安装过程,如图 2-36 所示,直到完成。

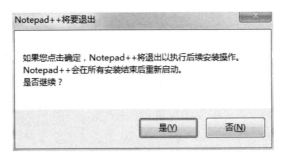

图 2-35 确认"安装 NppFTP"窗口

图 2-36 安装"NppFTP"过程

③ 安装"NppFTP"成功后,启动 Notepad++,选择"插件/NppFTP/Show NppFTP Window",如图 2-37 所示,系统会弹出 NppFTP-Disconnected 窗口。

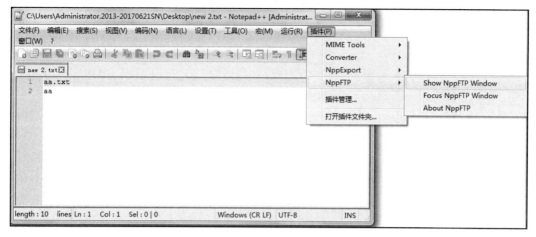

图 2-37　更新后的"插件"菜单

④ 单击 NppFTP-Disconnected 窗口中"设置/Profile settings"按钮，如图 2-38 所示，弹出"Profile settings"窗口，如图 2-39 所示。

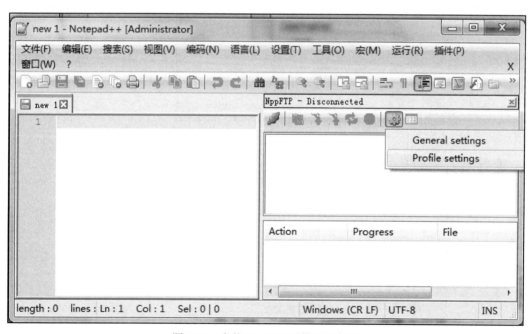

图 2-38　安装 NppFTP 后的显示窗口

⑤ 单击"Add new"按钮，系统弹出"Adding profile"窗口，在此输入 Linux 虚拟机的主机名 master，如图 2-40 所示。

⑥ 在右侧的"Connection"选项卡中分别设置 Hostname、Connection type、Port、Username、Password 各项信息，设置为 Linux 虚拟主机的 IP 地址、SFTP、22、用户名和登录密码，如图 2-41 所示。

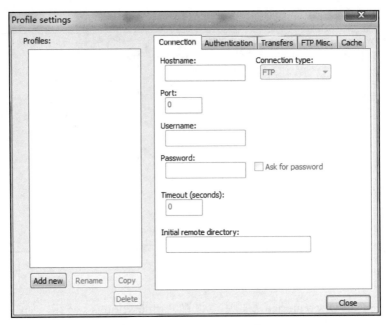

图 2-39 "Profile settings" 窗口

图 2-40 "Adding profile" 窗口

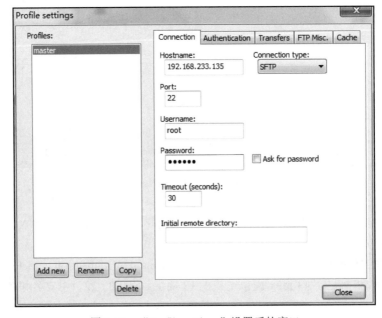

图 2-41 "Profile settings" 设置后的窗口

⑦ 单击 Close 按钮，返回到 Notepad++窗口，并单击图 2-38 中的"Dis(connect)"闪电图标中"master"。系统将开始连接 Linux 虚拟机，并显示连接成功。如图 2-42 所示。

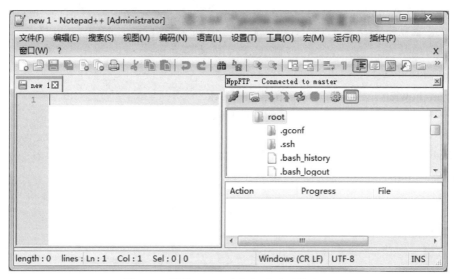

图 2-42 连接 Linux 虚拟机成功后的窗口

通过上面的设置，可以借助 Notepad++，就实现 Windows 和 Linux 虚拟机之间的文件共享编辑了。

习 题

项目2 习题答案　　　项目2 线上习题+答案

一、填空题

1. Hadoop 是_____年诞生，由_____发明的。
2. Hadoop 的_____版本包含 YARN。
3. Hadoop 主要有 Apache Hadoop、_____、_____、_____、DKhadoop 等发行版。
4. MapReduce 是分布式计算框架，包含_____和_____过程，负责在 HDFS 上进行计算。
5. Hadoop 部署模式有_____、_____、完全分布式模式三种。
6. _____是可扩展、容错、高性能的分布式文件系统。
7. Hadoop 的核心有_____、MapReduce 和 YARN。
8. Hadoop 生态系统主要包括_____、_____、_____、Mahout、Sqoop、Flume、Zookeeper 等。
9. _____是通过软件技术虚拟出来的一台计算机。
10. 关闭虚拟机的命令可以用_____和_____。

二、选择题

1. Hadoop 的特点有（　　）。
   A. 高可靠性　　　　　　　　B. 高扩展性
   C. 高效性　　　　　　　　　D. 以上都正确
2. 非结构化数据包括（　　）。

A. 文档 　　　　　　　　　　B. 图片
　　　C. 视频/音频 　　　　　　　D. 以上都正确
3. 克隆从机的方式有（　　）。
　　　A. 主机当前状态和快照 　　　B. 快照
　　　C. 主机当前状态 　　　　　　D. 指定主机的某个状态
4. Hadoop 的作者是（　　）。
　　　A. Martin Fowler 　　　　　　B. Kent Beck
　　　C. Doug cutting 　　　　　　D. SteveJobs
5. Hadoop 的生态社区包括（　　）。
　　　A. HBase、Hive 　　　　　　B. Pig、Mahout
　　　C. Sqoop、Flume 　　　　　　D. 以上都正确

三、简答题

1. 简述 Hadoop 语言的发展史。
2. Hadoop 有哪些优点？
3. Hadoop 生态系统都有哪些？
4. Hadoop 安装前都需要准备哪些工作？
5. Hadoop 安装、设置共享文件夹的作用是什么？
6. Notepad++的作用是什么？

项目 3　Hadoop 环境搭建

学习目标

1. 熟悉 Hadoop 环境搭建的三种形式。
2. 熟悉 Hadoop 伪分布式环境搭建的原理。
3. 掌握 Hadoop 伪分布式和完全分布式环境搭建的操作步骤。
4. 掌握 Hadoop 完全分布式环境搭建配置信息。

思政与职业素养目标

1. 先领悟学习项目 2 再实践学习项目 3，引导学生懂得按照事情的先后顺序做事情，统筹管理，提高做事效率。
2. 通过单节点、伪分布式和完全分布式环境搭建的操作步骤，引导学生做任何事情都需要提前规划，做到事半功倍的效果。
3. 根据需要选择适合的 Hadoop 的环境搭建方式，引导学生懂得当前就业压力大，需要有"欲成大事者，必先修其身"的心态。
4. 通过使用 Xshell，引导学生懂得学好大数据专业，将来可以远程游刃有余地将专业知识应用在金融、医疗、农业等各行各业，实现互融共通，共治共享。
5. 学习 MobaXterm 终端软件，明白市场需求带动技术创新的道理，引导学生懂得"只有你想不到，没有你做不到"，鼓励学生积极向上，不断努力创新。

任务 1　Hadoop 单节点环境搭建

任务描述

项目 2 已实现了 Hadoop 安装的准备工作，本项目就可以实现 Hadoop 的环境搭建了。Hadoop 环境搭建有三种形式，分别是单节点环境、伪分布式环境和完全分布式环境。单节点环境又称本地模式，就是只需要一台主机。

相关知识

3.1.1 单节点基础

（1）单节点

当首次解压 Hadoop 的源码包时，安装到主机后，Hadoop 默认选择最小配置，即单机模式，也称为单节点模式。单节点模式是最简单的模式，Hadoop 会完全运行在本地，所有的模块都运行在一个 JVM 进程中，不需要与其他节点交互，单机模式不使用 HDFS，也不加载任何 Hadoop 的守护进程。该模式主要用于开发、调试 MapReduce 程序的应用逻辑。

（2）Hadoop 工作目录含义

安装 Hadoop 后，系统将有常用的 bin、etc、include 等目录，各个目录的含义如下。

① bin 目录　bin 目录中存放最基本的管理脚本和使用脚本，用户可以使用这些脚本管理和使用 Hadoop。

② etc 目录　etc 目录中存放 Hadoop 所有的配置文件，包括后面需要配置的 core-site.xml、hdfs-site.xml 等信息。

③ include 目录　include 为对外提供的编程头文件，这些头文件都是用 C++编写定义的，用于 C++程序访问 HDFS 或编写 MR 程序等。

④ lib 目录　lib 目录可以对外提供静态库和动态库文件，经常需要与 include 目录下的头文件结合使用。

⑤ sbin 目录　sbin 目录为 Hadoop 管理脚本所在目录，主要包括 HDFS 和 YARN 中各类服务的启动/关闭脚本。

⑥ share 目录　share 目录为各个模块编译后的 jar 包所在目录。

 任务实现

3.1.2 单节点安装

Hadoop 单节点模式需要先安装 Hadoop，而且使用本地文件系统，而不是分布式文件系统，因此不需要配置过多的环境。

（1）下载 Hadoop 安装包到 Linux

在前面 2.4.6 共享文件中，已经将下载的 Hadoop 安装包存储到 Linux 虚拟机桌面上了，在此可以直接对其使用。若读者事先没有实现，可以借助 2.4.6 节中的内容，将 Hadoop 安装包共享到 Linux 虚拟机桌面上。

（2）单节点模式安装操作步骤

项目 2 的任务 4 中已经实现了 Hadoop 单节点模式安装的前期准备工作，在此也一并汇总一下具体的安装步骤。

① 安装 Linux 虚拟机。

② 安装主机 master。

③ 拍快照保留历史数据（可选）。

④ 更改主机名。
⑤ 设置共享文件夹。
⑥ 安装 Java 并配置环境。
⑦ 关闭防火墙。
⑧ 安装 Hadoop。
⑨ 配置 hadoop-env.sh。

（3）确定 Hadoop 安装包存储位置

为了方便后面使用，将 Hadoop 安装包存储在指定目录中，这里放置在/home/hadoop，具体步骤如下。

① 启动 Linux 虚拟机，并在桌面上单击右键，选择 open in Terminal，进入终端窗口。
② 输入命令 su，切换用户到 root 下。
③ 输入命令 mkdir /home/hadoop，新建一个 hadoop 文件夹用于存储和安装 Hadoop。
④ 输入命令 su hadoop，切换用户到 Hadoop 下。
⑤ 输入命令 cp hadoop-2.6.0-cdh5.6.0.tar.gz　/home/hadoop，将虚拟机桌面上的 Hadoop 安装包拷贝到/home/hadoop 下。

（4）具体实现安装 Hadoop

输入命令 cd /home/hadoop/，切换到/home/hadoop/目录下，再输入命令 tar –xvf hadoop-2.6.0-cdh5.6.0.tar.gz，将 Hadoop 安装包解压到当前目录下，即完成了安装。

3.1.3　单节点配置环境及检验

安装 Hadoop 后，对于 Hadoop 的单节点环境搭建，Hadoop 不会启动 NameNode、DataNode、JobTracker、TaskTracker 等守护进程，Map( )和 Reduce( )任务作为同一个进程的不同部分而执行，主要用于对 MapReduce 程序的逻辑进行调试，确保程序的正确。单节点模式只需要确保 JAVA_HOME 环境变量配置路径正确，因此只需对文件 hadoop-env.sh 进行配置。

（1）配置 hadoop-env.sh 文件

可以输入命令 vi　/home/hadoop/hadoop-2.6.0-cdh5.6.0/etc/hadoop/hadoop-env.sh，按字母 i，进入编辑状态，输入 JAVA_HOME 变量的路径，确认 JAVA_HOME 环境变量正确。设置效果如图 3-1 所示。

（2）配置 Hadoop 环境变量

输入命令 vi ~/.bash_profile，在文档空白处输入以下信息

export HADOOP_HOME=/home/hadoop/hadoop-2.6.0-cdh5.6.0
export PATH=$HADOOP_HOME/bin:$HADOOP_HOME/sbin:$PATH

输入信息后如图 3-2 所示，保存并退出。

（3）检验 Hadoop

安装、配置了 hadoop-env.sh 后，为了验证 Hadoop 单机模式安装是否成功，可以进行测试。

① 测试软件版本

a. 打开终端。

b. 输入命令 hadoop version，查看 Hadoop 的安装版本，显示正确的版本信息表示安装成功，如图 3-3 所示。

② 测试 MapReduce 程序　在测试 MapReduce 程序前，需要先创建测试目录和测试文件，这里设定测试目录为~/input1，测试文件定义为 test.txt。

a. 输入命令 mkdir ~/input1，创建测试目录。
b. 输入命令 vi ~/input1/test.txt，并输入测试的内容，如图 3-4 所示。

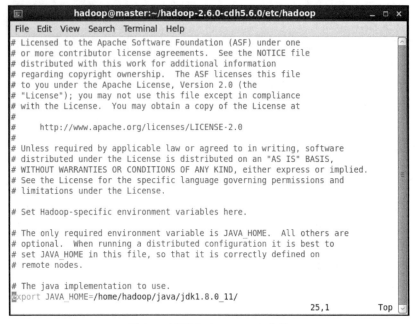

图 3-1　配置 hadoop-env.sh 文件

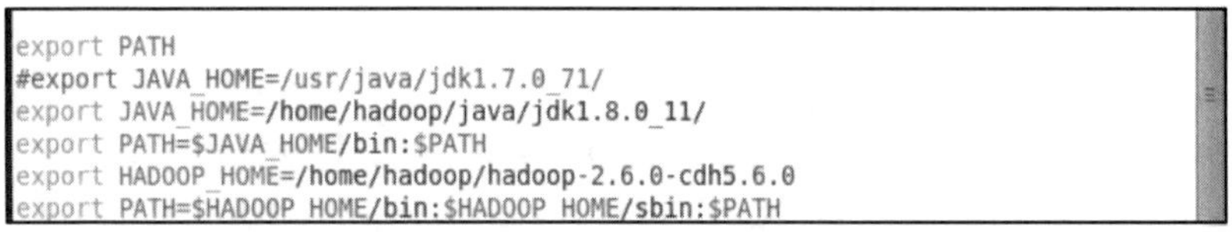

图 3-2　配置 Hadoop 环境变量

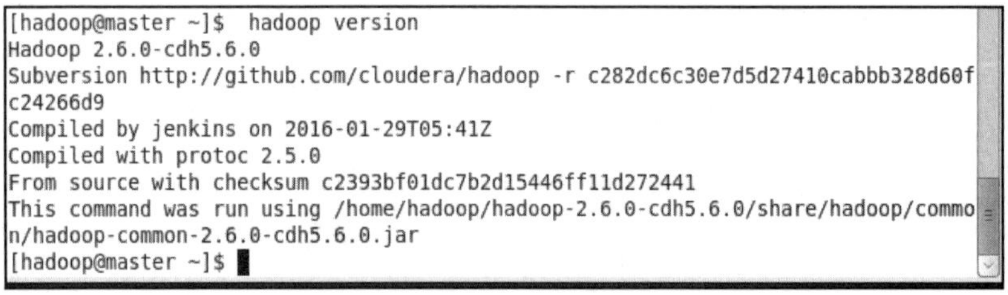

图 3-3　查看 Hadoop 的安装版本

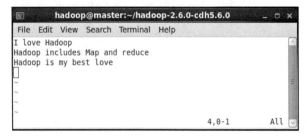

图 3-4　测试文件 test.txt 的内容

c. 输入测试内容后，按 Esc 键并输入:wq，保存并退出。

d. 输入命令 mkdir ~/output1，创建输出目录。

e. 输入命令 ./bin/hadoop jar ./share/hadoop/mapreduce/hadoop-mapreduce-examples-2.6.0-cdh5.6.0.jar wordcount /home/hadoop/input1/test.txt /home/hadoop/output1/。

f. 显示 mapreduce.Job:map 100% reduce 100%字样，表明 Hadoop 单节点模式环境搭建成功，输出结果部分截图如图 3-5 所示。

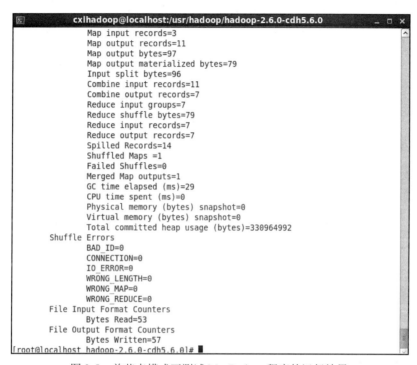

图 3-5　单节点模式下测试 MapReduce 程序的运行结果

任务 2　Hadoop 伪分布式环境搭建

伪分布模式是在"单节点集群"上运行 Hadoop，其中所有的守护进程都运行在同一台机器上。该模式在单机模式基础之上增加了代码调试功能，可以检查内存的使用情况、HDFS 输入输出，以及其他守护进程的交互等。

3.2.1　伪分布式环境基础

（1）基本概念

Hadoop 可以在单节点上以伪分布式的方式运行，Hadoop 的守护进程运行在本机机器，模拟一个小规模的集群。伪分布式环境下，Hadoop 以分离的 Java 进程来运行，节点既作为 NameNode 也作为 DataNode，同时，读取的是 HDFS 中的文件。

（2）特点

伪分布式安装是在单机模式基础之上增加了代码调试功能，实际上是在一台主机模拟多主机的方式。

① Hadoop 启动 NameNode、DataNode、JobTracker、TaskTracker 四个守护进程，并且这些进程都在同一台机器上运行，是相互独立的四个 Java 进程。

② 伪分布式模式下，Hadoop 使用的是分布式文件系统，各个作业也是由 JobTraker 服务来管理的独立进程。

③ 相当于完全分布式模式，允许检查内存使用情况，HDFS 输入输出，以及其他的守护进程交互等，常用来开发测试 Hadoop 程序的执行是否正确。

④ 至少需要修改 3 个配置文件，分别是 core-site.xml（Hadoop 集群的特性，作用于全部进程及客户端）、hdfs-site.xml（配置 HDFS 集群的工作属性）、mapred-site.xml（配置 MapReduce 集群的属性）。

⑤ 需要格式化文件系统后进行工作。

（3）伪分布式安装操作步骤

① 安装 Linux 虚拟机。

② 安装主机 master。

③ 拍快照保留历史数据（可选）。

④ 更改主机名。

⑤ 设置共享文件夹。

⑥ 安装 Java 并配置环境。

⑦ 关闭防火墙。

⑧ 安装 Hadoop。

⑨ 配置环境变量。

⑩ 使用前需要格式化。

（4）伪分布式安装配置文件

伪分布式安装 Hadoop 后，主要需要配置 hadoop-env.sh、core-site.xml、hdfs-site.xml 等环境变量。配置的环境变量和含义如表 3-1 所示。

表 3-1　配置的环境变量和含义

配置变量	含义
hadoop-env.sh	配置 Java 的环境变量
core-site.xml	指定文件系统 HDFS 的主机名称和端口号、数据存储目录
hdfs-site.xml	伪分布式模式，仅有一台机器，副本数量设置为 1
yarn-site.xml	指定 YARN 中 ResourceMamager 的地址、指定 NodeManager 中数据的获取方式
mapper-site.xml	设置 MapReduce 运行基于 YARN

任务实现

3.2.2 伪分布式环境安装

为了实现 Hadoop 的伪分布式安装，在项目 2 的任务 4 准备工作已经实现的基础上，需要先关闭防火墙，然后再安装 Hadoop 及配置环境变量等。具体操作步骤如下。

（1）关闭防火墙

在部署 Hadoop 时，最好关闭防火墙。如果不关闭可能出现节点间无法通信的情况，建议用户将其关闭。关闭防火墙分为临时关闭和永久关闭两种。

① 使用 service 命令，临时关闭防火墙

a. 打开主机 master 的终端窗口，切换到 root 用户，可以输入命令 service iptables status，查看防火墙状态，如图 3-6 所示。

```
[root@master hadoop]# service iptables status
Table: filter
Chain INPUT (policy ACCEPT)
num  target     prot opt source               destination
1    ACCEPT     all  --  0.0.0.0/0            0.0.0.0/0           state RELAT
ED,ESTABLISHED
2    ACCEPT     icmp --  0.0.0.0/0            0.0.0.0/0
3    ACCEPT     all  --  0.0.0.0/0            0.0.0.0/0
4    ACCEPT     tcp  --  0.0.0.0/0            0.0.0.0/0           state NEW t
cp dpt:22
5    REJECT     all  --  0.0.0.0/0            0.0.0.0/0           reject-with
 icmp-host-prohibited

Chain FORWARD (policy ACCEPT)
num  target     prot opt source               destination
1    REJECT     all  --  0.0.0.0/0            0.0.0.0/0           reject-with
 icmp-host-prohibited

Chain OUTPUT (policy ACCEPT)
num  target     prot opt source               destination
```

图 3-6　主机防火墙工作状态

b. 输入命令 service iptables stop 临时关闭防火墙。如图 3-7 所示。

```
[root@master hadoop]# service iptables stop
iptables: Setting chains to policy ACCEPT: filter    [  OK  ]
iptables: Flushing firewall rules:                   [  OK  ]
iptables: Unloading modules:                         [  OK  ]
[root@master hadoop]#
```

图 3-7　临时关闭主机防火墙

c. 可以输入命令 service iptables status，查看防火墙的状态，显示已经被临时关闭，如图 3-8 所示。

```
[root@master hadoop]# service iptables status
iptables: Firewall is not running.
```

图 3-8　临时关闭主机防火墙后的状态

如果需要重新打开防火墙，则可以输入命令 service iptables start，当再次输入命令 service iptables status 查看防火墙状态时，显示防火墙又重新开始工作了，如图 3-9 所示。

```
[root@master hadoop]# service iptables start
iptables: Applying firewall rules:                         [  OK  ]
```

图 3-9　再次开启主机防火墙的状态

② 使用 chkconfig 命令，永久关闭防火墙

a. 输入命令 chkconfig |grep iptables 查看防火墙的状态，如图 3-10 所示。其中 iptables 显示 0~6 共有 7 个模式。

```
[root@master hadoop]# chkconfig |grep iptables
iptables       0:off   1:off   2:on   3:on   4:on   5:on   6:off
[root@master hadoop]#
```

图 3-10　chkconfig 查看防火墙状态

b. 输入命令 chkconfig iptables off，实现永久关闭防火墙，如图 3-11 所示。

```
[root@master hadoop]# chkconfig iptables off
[root@master hadoop]# chkconfig |grep iptables
iptables       0:off   1:off   2:off   3:off   4:off   5:off   6:off
[root@master hadoop]#
```

图 3-11　永久关闭防火墙后的状态

也可以输入命令 chkconfig --list iptables，查看防火墙状态。如果需要重新永久开启防火墙，则可以通过命令 chkconfig iptables on 实现。

（2）安装 Hadoop

① 在主机 master 桌面，右击选择"Open in Terminal"，打开一个桌面路径的终端窗口。

② 输入命令 cp hadoop-2.6.0-cdh5.6.0.tar.gz　~/，实现将桌面的 Hadoop 安装文件拷贝到~/路径下。

③ 输入命令 cd　/home/hadoop 切换到/home/hadoop 路径下，查看文件。如图 3-12 所示。

```
[hadoop@master ~]$ cd /home/hadoop/
[hadoop@master ~]$ ll
total 303680
drwxr-xr-x. 2 hadoop hadoop      4096 Apr 21 09:37 Desktop
drwxr-xr-x. 2 hadoop hadoop      4096 Apr 21 06:05 Documents
drwxr-xr-x. 2 hadoop hadoop      4096 Apr 21 06:05 Downloads
-rwxrwxr-x. 1 hadoop hadoop 310935369 Apr 21 10:37 hadoop-2.6.0-cdh5.6.0.tar.gz
drwxr-xr-x. 2 hadoop hadoop      4096 Apr 21 06:05 Music
drwxr-xr-x. 2 hadoop hadoop      4096 Apr 21 06:05 Pictures
drwxr-xr-x. 2 hadoop hadoop      4096 Apr 21 06:05 Public
drwxr-xr-x. 2 hadoop hadoop      4096 Apr 21 06:05 Templates
drwxr-xr-x. 2 hadoop hadoop      4096 Apr 21 06:05 Videos
```

图 3-12　切换路径并查看文件

④ 输入命令 tar –zxvf hadoop-2.5.1.tar.gz，实现解压 Hadoop 安装文件并安装。

⑤ 输入命令 cd hadoop-2.6.0-cdh5.6.0，切换到/home/hadoop/hadoop-2.6.0-cdh5.6.0 指定目录，可以查看 Hadoop 安装后的目录文件。

3.2.3 伪分布式环境配置及测试

（1）伪分布式环境配置

伪分布式环境配置，具体操作步骤如下。

① 输入命令 vi ./etc/hadoop/hadoop-env.sh，配置 Java 的环境变量，保存并退出。这里配置的 Java 环境需要和安装 Java 配置的环境保持一致，配置结果如图 3-13 所示。

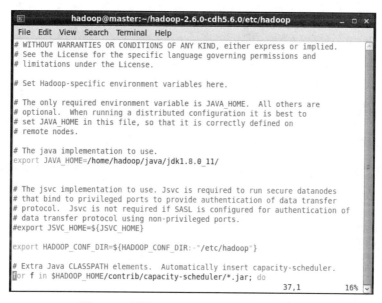

图 3-13　配置"hadoop-env.sh"的 Java 环境

② 输入命令 vi ./etc/hadoop/core-site.xml，在<configuration>和</configuration>之间输入如下信息，用以配置 core-site.xml 参数。

```
<configuration>
  <!--用来指定HDFS 老大 NameNode 的地址-->
  <property>
    <name>fs.defaultFS</name>
    <value>hdfs://master:9000</value>
  </property>
  <property>
    <!--用来指定hadoop 运行时产生文件的存放目录-->
    <name>hadoop.tmp.dir</name>
    <value>/home/hadoop/hadoopdata</value>
  </property>

</configuration>
```

配置后如图 3-14 所示，保存并退出。

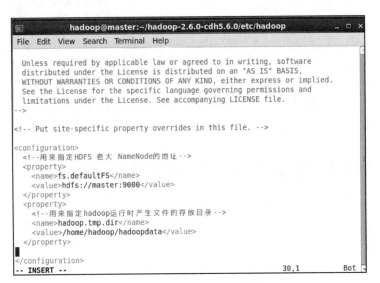

图 3-14　core-site.xml 配置信息

③ 输入命令 vi ./etc/hadoop/hdfs-site.xml，在<configuration>和</configuration>之间输入如下信息：

```xml
<configuration>
  <property>
    <!--指定HDFS保存数据副本的数量，由于属于伪分布式，就一台机器，所以设置为1-->
    <name>dfs.replication</name>
    <value>1</value>
  </property>
</configuration>
```

用于配置 hdfs-site.xml 文件，保存并退出，如图 3-15 所示。

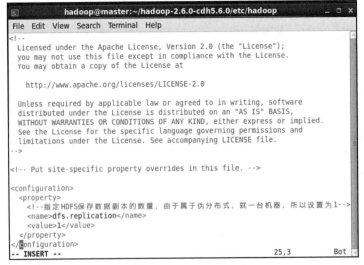

图 3-15　hdfs-site.xml 配置信息

④ 输入命令 vi ./etc/hadoop/yarn-site.xml，在<configuration>和</configuration>之间输入如下信息：

```xml
<configuration>
<!--Site specific YARN configuration properties -->
<!--Nodemanager 获取数据的方式是 shuffle-->
  <property>
     <name>yarn.nodemanager.aux-services</name>
     <value>mapreduce_shuffle</value>
  </property>
  <property>
     <name>yarn.resourcemanager.address</name>
     <value>master:18040</value>
  </property>
  <property>
     <name>yarn.resourcemanager.scheduler.address</name>
     <value>master:18030</value>
  </property>
  <property>
     <name>yarn.resourcemanager.resource-tracker.address</name>
     <value>master:18025</value>
  </property>
  <property>
     <name>yarn.resourcemanager.admin.address</name>
     <value>master:18141</value>
  </property>
  <property>
     <name>yarn.resourcemanager.webapp.address</name>
     <value>master:18088</value>
  </property>
</configuration>
```

配置信息如图 3-16 所示，输入信息后保存并退出。

⑤ 输入命令 cp ./etc/hadoop/mapred-site.xml.template ./etc/hadoop/mapred-site.xml，用于将文件 mapred-site.xml.template 更名为 mapred-site.xml。

⑥ 输入命令 vi ./etc/hadoop/mapred-site.xml，在<configuration>和</configuration>之间输入如下信息：

```xml
<!--告诉 hadoop 以后的 Mapreduce 运行在 yarn 上>
  <property>
    <name>mapreduce.framework.name</name>
    <value>yarn</value>
  </property>
```

配置信息如图 3-17 所示，输入信息后保存并退出。

图 3-16 yarn-site.xml 配置信息

图 3-17 mapred-site.xml 配置信息

⑦ 输入命令 vi ~/.bash_profile，在文档空白处输入以下信息，用以设置 Hadoop 的环境变量。

```
export HADOOP_HOME=/home/hadoop/hadoop-2.6.0-cdh5.6.0
export PATH=$HADOOP_HOME/bin:$HADOOP_HOME/sbin:$PATH
```

输入信息后如图 3-18 所示，保存并退出。

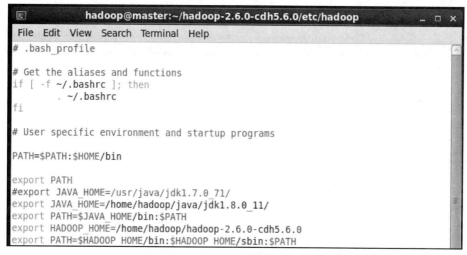

图 3-18　bash_profile 配置信息

⑧ 输入命令 source ~/.bash_profile，确认生效。

（2）免密登录

为了方便伪分布式环境中安装一台主机模拟多台机器，实现机器间的交互，可以在安装 SSH 成功后（具体可以参考 3.3.2（8）免密钥登录），设置免密登录。可以简化登录时的密码输入，每次登录都需要输入密码。

具体操作步骤如下：

① 打开主机 master 终端窗口，输入命令 su hadoop，切换到 hadoop 用户。

② 输入命令 cd ~/.ssh/，切换进入~/.ssh/目录中。

③ 输入命令 ssh-keygen -t rsa，生成公钥。在系统提示中，需要按三次回车键。生成的密钥对 id_rsa 和 id_rsa.pub，默认存储在"/home/hadoop/.ssh"目录下。可以参考 3.3.2（8）免密钥登录，这里不再赘述。

④ 输入命令 ssh-copy-id master 将公钥拷贝给主机 master。

可以输入命令 cd ~/.ssh 查看生成的文件。

（3）使用前需要格式化

① 输入命令 mkdir /home/hadoop/hadoopdata，创建/home/hadoop/hadoopdata 文件夹。

② 输入命令 cd /home/hadoop/hadoop-2.6.0-cdh5.6.0/bin，切换目录。

③ 输入命令 ./hdfs namenode –format，格式化 namenode。运行结果截取部分数据，如图 3-19 所示。

（3）测试检验

① 输入命令 cd /home/hadoop/hadoop-2.6.0-cdh5.6.0/sbin，切换目录。

② 输入命令./hadoop-daemon.sh start namenode，启动 namenode 进程。

③ 输入命令 jps，可以查看当前启动的进程，出现 2 个进程，如图 3-20 所示。

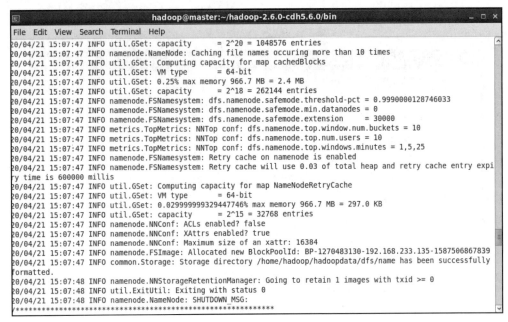

图 3-19　格式化 namenode

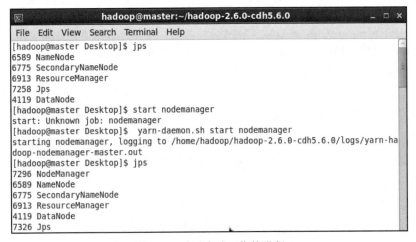

图 3-20　验证 namenode 进程

④ 输入命令 ./hadoop-daemon.sh start datanode，启动 datanode。

⑤ 输入命令 yarn-daemon.sh start nodemanager，启动 nodemanager，并且再次输入 jps，查看启动的进程，如图 3-21 所示。

图 3-21　验证启动工作的进程

⑥ 输入命令 hadoop fs -mkdir -p /user/data/input，实现在集群的文件系统中建立一个 input 文件夹。

⑦ 输入命令 hadoop fs -ls -R /，查看集群的文件系统，如图 3-22 所示。

```
[hadoop@master sbin]$ hadoop fs -mkdir -p /user/data/input
20/08/08 13:12:31 WARN util.NativeCodeLoader: Unable to load native-hadoop libra
ry for your platform... using builtin-java classes where applicable
[hadoop@master sbin]$ hadoop fs -ls -R /
20/08/08 13:13:20 WARN util.NativeCodeLoader: Unable to load native-hadoop libra
ry for your platform... using builtin-java classes where applicable
drwxr-xr-x   - hadoop supergroup          0 2020-08-08 13:12 /user
drwxr-xr-x   - hadoop supergroup          0 2020-08-08 13:12 /user/data
drwxr-xr-x   - hadoop supergroup          0 2020-08-08 13:12 /user/data/input
[hadoop@master sbin]$
```

图 3-22　在集群的文件系统创建文件夹并显示

⑧ 输入命令 hadoop fs -put /home/hadoop/input1/test.txt /user/data/input/，将单机模式中的 test.txt 上传至文件系统中 input 目录。查看效果如图 3-23 所示。

```
[hadoop@master sbin]$ hadoop fs -put /home/hadoop/test.txt /user/data/input/
20/08/08 13:22:13 WARN util.NativeCodeLoader: Unable to load native-hadoop libra
ry for your platform... using builtin-java classes where applicable
^[[D^[[Dput: `/home/hadoop/test.txt': No such file or directory
[hadoop@master sbin]$ hadoop fs -put /home/hadoop/input1/test.txt  /user/data/in
put
20/08/08 13:23:31 WARN util.NativeCodeLoader: Unable to load native-hadoop libra
ry for your platform... using builtin-java classes where applicable
[hadoop@master sbin]$ hadoop fs -ls -R /
20/08/08 13:23:50 WARN util.NativeCodeLoader: Unable to load native-hadoop libra
ry for your platform... using builtin-java classes where applicable
drwxr-xr-x   - hadoop supergroup          0 2020-08-08 13:12 /user
drwxr-xr-x   - hadoop supergroup          0 2020-08-08 13:12 /user/data
drwxr-xr-x   - hadoop supergroup          0 2020-08-08 13:23 /user/data/input
-rw-r--r--   1 hadoop supergroup         69 2020-08-08 13:23 /user/data/input/te
st.txt
[hadoop@master sbin]$
```

图 3-23　单机模式中的 test.txt 上传至文件系统中 input 目录

⑨ 输入命令 ./bin/hadoop jar ./share/hadoop/mapreduce/hadoop-mapreduce-examples-2.6.0-cdh5.6.0.jar wordcount /user/data/input/test.txt /user/data/output/，检验 wordcount，运行结果如图 3-24 所示。

```
[hadoop@master ~]$ cd hadoop-2.6.0-cdh5.6.0
[hadoop@master hadoop-2.6.0-cdh5.6.0]$ ./bin/hadoop jar  ./share/hadoop/mapreduc
e/hadoop-mapreduce-examples-2.6.0-cdh5.6.0.jar  wordcount /user/data/input/test.
txt  /user/data/output/
20/08/08 14:58:28 WARN util.NativeCodeLoader: Unable to load native-hadoop libra
ry for your platform... using builtin-java classes where applicable
20/08/08 14:58:29 INFO client.RMProxy: Connecting to ResourceManager at master/1
92.168.233.135:18040
20/08/08 14:58:30 WARN security.UserGroupInformation: PriviledgedActionException
 as:hadoop (auth:SIMPLE) cause:org.apache.hadoop.mapred.FileAlreadyExistsExcepti
on: Output directory hdfs://master:9000/user/data/output already exists
org.apache.hadoop.mapred.FileAlreadyExistsException: Output directory hdfs://mas
ter:9000/user/data/output already exists
        at org.apache.hadoop.mapreduce.lib.output.FileOutputFormat.checkOutputSp
ecs(FileOutputFormat.java:146)
        at org.apache.hadoop.mapreduce.JobSubmitter.checkSpecs(JobSubmitter.java
:270)
        at org.apache.hadoop.mapreduce.JobSubmitter.submitJobInternal(JobSubmitt
er.java:143)
        at org.apache.hadoop.mapreduce.Job$10.run(Job.java:1307)
        at org.apache.hadoop.mapreduce.Job$10.run(Job.java:1304)
        at java.security.AccessController.doPrivileged(Native Method)
        at javax.security.auth.Subject.doAs(Subject.java:415)
        at org.apache.hadoop.security.UserGroupInformation.doAs(UserGroupInforma
tion.java:1707)
        at org.apache.hadoop.mapreduce.Job.submit(Job.java:1304)
        at org.apache.hadoop.mapreduce.Job.waitForCompletion(Job.java:1325)
        at org.apache.hadoop.examples.WordCount.main(WordCount.java:87)
        at sun.reflect.NativeMethodAccessorImpl.invoke0(Native Method)
```

图 3-24　在伪分布式环境下运行 wordcount 结果

⑩ 输入命令 hadoop fs -ls -R /，查看/user/data/目录下运行结果，如图 3-25 所示。

```
File Edit View Search Terminal Help
aging/hadoop/.staging/job_1596922626245_0002/job.splitmetainfo
-rw-r--r--   1 hadoop supergroup      90620 2020-08-08 14:49 /tmp/hadoop-yarn/st
aging/hadoop/.staging/job_1596922626245_0002/job.xml
drwxr-xr-x   - hadoop supergroup          0 2020-08-08 14:57 /tmp/hadoop-yarn/st
aging/history
drwxrwxrwt   - hadoop supergroup          0 2020-08-08 14:57 /tmp/hadoop-yarn/st
aging/history/done_intermediate
drwxrwx---   - hadoop supergroup          0 2020-08-08 14:57 /tmp/hadoop-yarn/st
aging/history/done_intermediate/hadoop
-rwxrwx---   1 hadoop supergroup      33565 2020-08-08 14:57 /tmp/hadoop-yarn/st
aging/history/done_intermediate/hadoop/job_1596923563081_0001-1596923667053-hado
op-word+count-1596923857814-1-1-SUCCEEDED-root.hadoop-1596923835277.jhist
-rwxrwx---   1 hadoop supergroup        349 2020-08-08 14:57 /tmp/hadoop-yarn/st
aging/history/done_intermediate/hadoop/job_1596923563081_0001.summary
-rwxrwx---   1 hadoop supergroup     107843 2020-08-08 14:57 /tmp/hadoop-yarn/st
aging/history/done_intermediate/hadoop/job_1596923563081_0001_conf.xml
drwxr-xr-x   - hadoop supergroup          0 2020-08-08 13:12 /user
drwxr-xr-x   - hadoop supergroup          0 2020-08-08 14:57 /user/data
drwxr-xr-x   - hadoop supergroup          0 2020-08-08 13:23 /user/data/input
-rw-r--r--   1 hadoop supergroup         69 2020-08-08 13:23 /user/data/input/te
st.txt
drwxr-xr-x   - hadoop supergroup          0 2020-08-08 14:57 /user/data/output
-rw-r--r--   1 hadoop supergroup          0 2020-08-08 14:57 /user/data/output/_
SUCCESS
-rw-r--r--   1 hadoop supergroup         69 2020-08-08 14:57 /user/data/output/p
art-r-00000
```

图 3-25　查看/user/data/目录下结果

⑪ 输入命令 hadoop fs -cat /user/data/output/part-r-00000，查看 part-r-00000 文件内容，得出 wordcount 的运行结果，如图 3-26 所示。

```
[hadoop@master hadoop-2.6.0-cdh5.6.0]$ hadoop fs -cat /user/data/output/part-r-00000
20/08/08 15:09:07 WARN util.NativeCodeLoader: Unable to load native-hadoop library for your
 platform... using builtin-java classes where applicable
Hadoop  3
I       1
Map     1
and     1
best    1
includes        1
is      1
love    2
my      1
reduce  1
[hadoop@master hadoop-2.6.0-cdh5.6.0]$ ^C
[hadoop@master hadoop-2.6.0-cdh5.6.0]$ 
```

图 3-26　查看/user/data/output/part-r-00000 文件内容

任务 3　Hadoop 完全分布式环境搭建

任务描述

单节点模式和伪分布式模式都是在一台主机上实现的 Hadoop 环境，并不是真正的生产环境。完全分布式环境才是需要正确搭建和使用的生产环境，而且为了以后能分布式协调，则需要设置至少 3 个节点的完全分布式环境。

相关知识

3.3.1 完全分布式环境基础

（1）基本概念

Hadoop 完全分布式环境的所有守护进程是运行在一个由多台主机搭建的集群上，是真正的生产环境。

（2）特点

① 需要在所有的主机上安装 JDK 和 Hadoop，组成相互连通的网络。

② 在主机间设置 SSH 免密码登录，把各从节点生成的公钥添加到主节点的信任列表。

③ 需要修改 7 个配置文件，并且需要指定 NameNode 和 JobTraker 的位置和端口、设置文件的副本等参数。

④ 需要格式化文件系统后才可以正常工作。

（3）完全分布式安装操作步骤

① 安装 Linux 虚拟机。

② 安装主机 master。

③ 拍快照保留历史数据（可选）。

④ 克隆从机 slave1、slave2。

⑤ 更改主机名/从机名称。

⑥ 设置主/从机名和 IP 地址对应关系。

⑦ 设置静态 IP。

⑧ 关闭防火墙。

⑨ 设置共享文件夹。

⑩ 安装 Java 并配置环境。

⑪ 免密钥登录。

⑫ 安装 Hadoop。

⑬ 配置环境变量。

⑭ 使用前需要格式化。

（4）完全分布式安装配置文件

完全分布式安装 Hadoop 后，主要需要配置的环境变量有 hadoop-env.sh、yarn-env.sh、core-site.xml 等。具体环境变量和含义如表 3-2 所示。

表 3-2 配置的环境变量和含义

配置变量	含义
hadoop-env.sh	配置 Java 的环境变量
yarn-env.sh	配置 Java 的环境变量
core-site.xml	指定文件系统 HDFS 的主机名称和端口号、数据存储目录

续表

配置变量	含义
hdfs-site.xml	完全分布式模式，仅有一台机器，副本数量设置为 2
yarn-site.xml	指定 YARN 中 ResourceMamager 的地址、指定 NodeManager 中数据的获取方式
mapper-site.xml	设置 MapReduce 运行基于 YARN
slaves	指定 Datanode 的地址

任务实现

3.3.2 完全分布式环境安装

完全分布式环境，是真正运行在一组集群上的环境，至少需要 3 个节点，在此选用 1 个主节点 master（192.168.233.135），2 个从节点（子节点）slave1（192.168.233.136）和 slave2（192.168.233.137）。

Hadoop 完全分布式安装和伪分布式安装方式一样，需要将 Linux 桌面上的 Hadoop 安装包拷贝到指定的目录下，这里放置在/home/hadoop 目录下。

完全分布式环境是真正的生产环境，在此为了便于读者方便实践和理解，将在项目 2 任务 4 的基础上，详细阐述具体的实现过程。

（1）克隆从机 slave1、slave2

Hadoop 完全分布式集群，除了有一台主机外，至少还需要有两台从机。在此利用克隆的方式，可以快速实现从机的安装。具体步骤如下。

① 打开 VMware 虚拟机，右击主机"master"，选择"管理/克隆"，如图 3-27 所示。

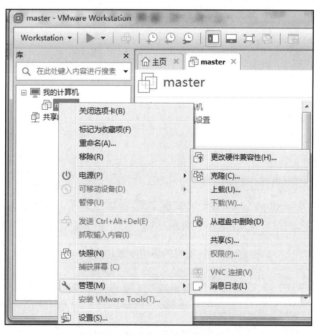

图 3-27　克隆从机 slave1、slave2

② 系统打开"克隆虚拟机向导"窗口，如图3-28所示。

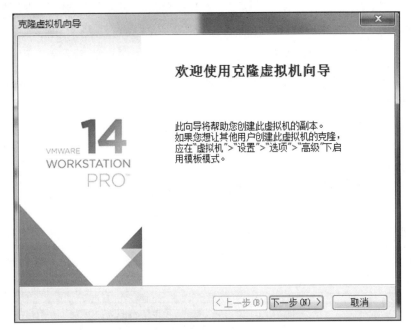

图3-28 "克隆虚拟机向导"窗口

③ 单击"下一步"按钮，打开"克隆虚拟机向导-克隆源"窗口，选择任意一种克隆方式。如图3-29所示。

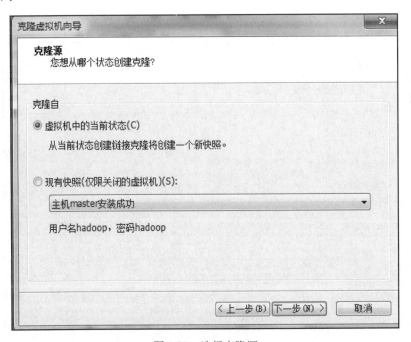

图3-29 选择克隆源

④ 单击"下一步"按钮，打开"克隆虚拟机向导-克隆类型"窗口，选择"创建完整克隆"选项。如图3-30所示。

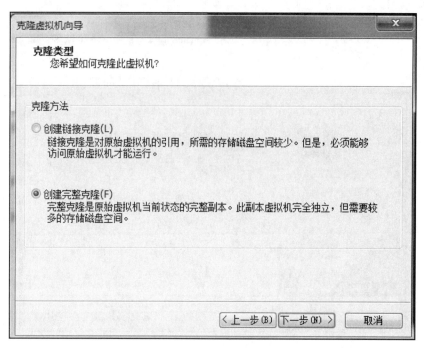

图 3-30 选择克隆类型

⑤ 单击"下一步"按钮，打开"克隆虚拟机向导-新虚拟机名称"窗口，设置虚拟机名称和安装路径。这里设置从机名称为"slave1"，如图 3-31 所示。

图 3-31 设置新虚拟机名称

⑥ 单击"完成"按钮,系统开始克隆从机,直到克隆从机完成,同理,克隆出第二个从机 slave 2,结果如图 3-32 所示。

图 3-32 成功克隆从机 slave1、slave2

(2) 更改主机/从机名称

在项目 2 的 2.4.5 中更改了主机名称为 master,按照同样的步骤,需要对从机 slave1、slave2 进行更改名称,并设置从机名称为 slave1 和 slave2。

(3) 设置主/从机名和 IP 地址对应关系

① 在图 2-19 中,输入命令 ifconfig,查看主机 master 的 IP 地址为 "192.168.233.135",如图 3-33 所示。

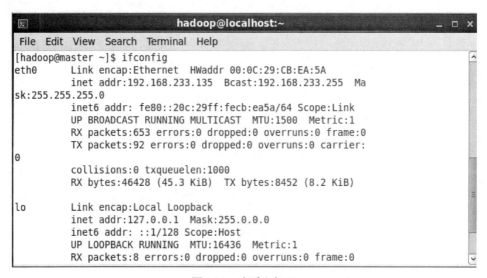

图 3-33 查看主机 IP

② 同理打开从机 slave1、slave2，并查看 slave1、slave2 的 IP 地址分别为"192.168.233.136"、"192.168.233.137"，如图 3-34 所示。

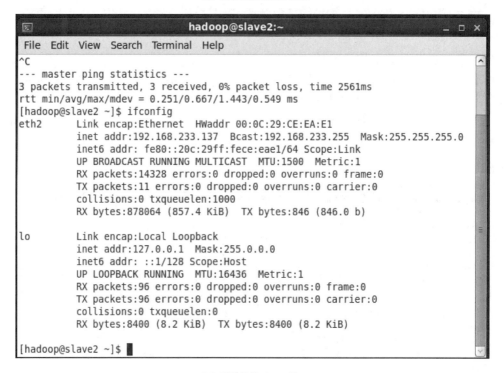

(a) 查看从机 slave1 的 IP

(b) 查看从机 slave2 的 IP

图 3-34 查看 slave1、slave2 的 IP 地址

③ 在主机 master 终端，切换到 root 管理员，输入命令 vi /etc/hosts，按键盘上的字母 i，进入编辑状态，并且在空行中输入以下内容，用来规划主机 master 和从机 slave1、slave2 的

IP 地址对应关系，如图 3-35 所示。

192.168.233.135 master

192.168.233.136 slave1

192.168.233.137 slave2

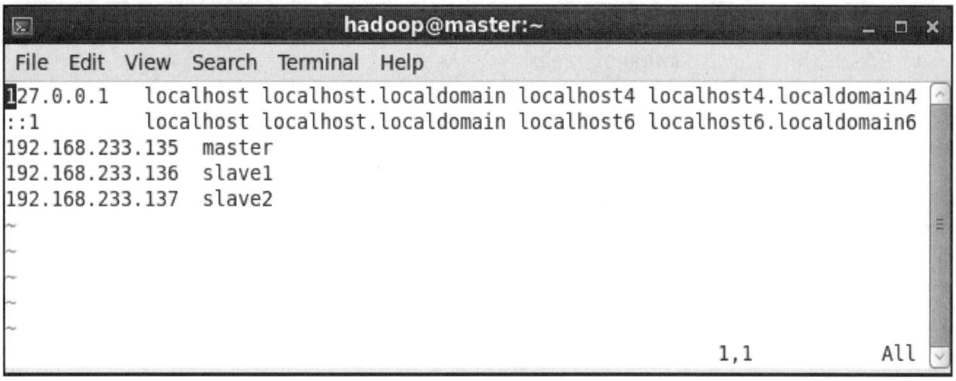

图 3-35 配置/etc/hosts

④ 输入以上信息后，按键盘“Esc”键，并输入“:wq”保存并退出。

⑤ 同理在从机 slave1、slave2，root 管理员权限下设置同样内容。

⑥ 在主机 master 中，利用命令 ping slave1，尝试在 master 上连通 slave1，出现如图 3-36 所示信息表示成功。同理需要在从机 slave1、slave2 上连通 master，查看是否可以连通。

```
[hadoop@master ~]$ ping slave1
PING slave1 (192.168.233.136) 56(84) bytes of data.
64 bytes from slave1 (192.168.233.136): icmp_seq=1 ttl=64 time=1.64 ms
64 bytes from slave1 (192.168.233.136): icmp_seq=2 ttl=64 time=0.256 ms
64 bytes from slave1 (192.168.233.136): icmp_seq=3 ttl=64 time=0.247 ms
64 bytes from slave1 (192.168.233.136): icmp_seq=4 ttl=64 time=0.262 ms
64 bytes from slave1 (192.168.233.136): icmp_seq=5 ttl=64 time=0.294 ms
64 bytes from slave1 (192.168.233.136): icmp_seq=6 ttl=64 time=0.319 ms
^C
--- slave1 ping statistics ---
6 packets transmitted, 6 received, 0% packet loss, time 5461ms
rtt min/avg/max/mdev = 0.247/0.504/1.648/0.512 ms
[hadoop@master ~]$ ping slave2
PING slave2 (192.168.233.137) 56(84) bytes of data.
64 bytes from slave2 (192.168.233.137): icmp_seq=1 ttl=64 time=0.364 ms
64 bytes from slave2 (192.168.233.137): icmp_seq=2 ttl=64 time=0.300 ms
64 bytes from slave2 (192.168.233.137): icmp_seq=3 ttl=64 time=0.278 ms
64 bytes from slave2 (192.168.233.137): icmp_seq=4 ttl=64 time=0.280 ms
^C
--- slave2 ping statistics ---
4 packets transmitted, 4 received, 0% packet loss, time 3548ms
rtt min/avg/max/mdev = 0.278/0.305/0.364/0.039 ms
[hadoop@master ~]$
```

图 3-36 “ping slave1、slave2 成功”

（4）设置静态 IP

为了便于每次重启服务器后的 IP 地址不会变，需要对主机 master 和从机 slave 分别设置静态 IP。这里以主机 master 为例，详细介绍设置静态 IP 的具体过程。具体操作如下。

① 启动主机 maser，进入终端窗口。

② 切换到 root 用户权限，输入命令 vi /etc/sysconfig/network-scripts/ifcfg-eth0。

③ 打开修改文件，按 Enter 键后再按字母 i 进入编辑模式，输入图 3-37 所示相关信息。

图 3-37　设置主机 master 的静态 IP

④ 按 Esc 键，并输入"：wq!"，保存并退出编辑状态。

⑤ 输入命令 service network restart，重启网络服务，出现如图 3-38 所示界面表示网络重启成功。

图 3-38　主机 master 重启网络服务成功

这样主机 master 的静态 IP 就设置成功了，重新启动系统的时候，IP 地址是固定不变的。利用同样的方法，对从机 slave1、slave2 分别设置静态 IP，其中 IPADDR 需要修改为192.168.233.136、192.168.233.137，具体设置过程这里就不再赘述。

（5）关闭防火墙

完全分布式安装需要在主机和从机上分别关闭防火墙。在项目 3 任务 2 中关闭了主机的防火墙，利用同样的方法，需要对从机 slave 永久关闭防火墙，请读者利用同样的方法自行实现。

（6）设置共享文件夹

完全分布式安装为了方便在 Linux 主机和 Windows 系统间传递文件，需要对主机设置共享文件夹，具体操作方法参见项目 2 任务 4 的 2.4.6 节内容。

（7）安装 Java 并配置环境

完全分布式安装需要在主机和从机上分别安装 Java 并配置环境，为了节省安装时间，可以在主机上安装并配置了 Java 后，采用 scp 快速传递从机的方法实现，将主机中安装并配置的 Java 传递给从机。

在项目 2 任务 4 的 2.4.7 节已经对主机安装并配置了 Java 环境的基础上，采用 scp 命令实现将安装并配置后的 Java 传递给从机。具体操作步骤如下。

① 输入命令 scp -r /usr/java root@slave1:/usr/，用于将主机 master 安装好的 JDK 传给从机 slave1，并需要根据系统提示输入 yes。

② 登录从机 slave1，切换到 root 用户权限，输入命令 cd /usr/java 查看，如图 3-39 所示。

```
[hadoop@slave1 ~]$ cd java/
[hadoop@slave1 java]$ pwd
/home/hadoop/java
[hadoop@slave1 java]$ ll
total 155300
drwxr-xr-x. 8 hadoop hadoop      4096 Jun 16  2014 jdk1.8.0_11
-rwxrwxrwx. 1 hadoop hadoop 159019376 Nov 12 19:32 jdk-8u11-linux-x64.tar.gz
[hadoop@slave1 java]$
```

图 3-39　从机 slave1 指定目录下文件

③ 可以借鉴主机配置 Java 环境的方法，将从机 slave1 的 Java 配置其环境并确认，并查看 Java 的版本信息，如图 3-40 所示。

```
[hadoop@slave1 java]$ java -version
java version "1.8.0_11"
Java(TM) SE Runtime Environment (build 1.8.0_11-b12)
Java HotSpot(TM) 64-Bit Server VM (build 25.11-b03, mixed mode)
[hadoop@slave1 java]$
```

图 3-40　从机 slave1 查看 Java 版本信息

同理，利用同样的方法将主机 master 安装好的 JDK 传递补给从机 slave2。

（8）免密钥登录

Hadoop 完全分布式安装需要用到远程登录，即 SSH 登录，可以在主机上登录从机或者在从机上登录主机。通常情况下，CentOS6.5 默认已安装了 SSH client、SSH server。

① 安装 SSH　为了检验系统中是否已经安装 SSH，在联网的情况下，可以打开终端，执行命令 rpm -qa | grep ssh 进行检验。如果出现图 3-41 所示的界面，表明系统已经安装了 SSH client、SSH server。

若系统中没有安装 SSH client、SSH server，则需要经过以下步骤实现安装。

a. 输入命令

```
sudo yum install openssh-clients
sudo yum install openssh-server
```

安装过程中提示用户输入[y/N]进行确认，根据需要输入 y（大小写均可）。
b. 输入命令 ssh localhost，测试 SSH 是否可用。
c. SSH 首次登录提示，需要输入 yes 确认。

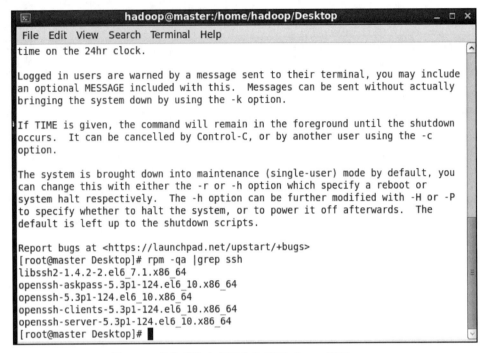

图 3-41　检验系统中是否安装 SSH client、SSH server

d. 按系统提示，需要输入用户的登录密码，这里输入 hadoop 用户登录的密码。验证成功界面，如图 3-42 所示。

```
[hadoop@master ~]$ ssh localhost
The authenticity of host 'localhost (::1)' can't be established.
RSA key fingerprint is fb:89:ec:33:10:a3:82:3b:55:94:e8:11:e1:3d:dd:e2.
Are you sure you want to continue connecting (yes/no)? yes
Warning: Permanently added 'localhost' (RSA) to the list of known hosts.
hadoop@localhost's password:
[hadoop@master ~]$
```

图 3-42　安装 SSH client、SSH server 并验证

② 设置 SSH 登录权限　安装 SSH 成功后，每次登录都需要输入密码。为了简化登录时的密码输入，则可以配置成 SSH 无密码登录。具体操作步骤如下。

a. 打开主机 master 终端窗口，输入命令 su hadoop，切换到 hadoop 用户。
b. 输入命令 cd ~/.ssh/，切换进入 ~/.ssh/ 目录中。
c. 输入命令 ssh-keygen -t rsa，生成公钥。在系统提示中，需要按三次回车键。如图 3-43 所示。生成的密钥对 id_rsa 和 id_rsa.pub，默认存储在"/home/hadoop/.ssh"目录下。
d. 输入命令 cat ~/.ssh/id_rsa.pub >>~/.ssh/authorized_keys，实现将公钥文件 id_rsa.pub 追加到授权的~/.ssh/authorized_keys 文件中。
e. 输入命令 chmod 600 ./authorized_keys，更改文件 authorized_keys 的权限。

```
[hadoop@master ~]$ cd ~/.ssh/
[hadoop@master .ssh]$ ssh-keygen -t rsa
Generating public/private rsa key pair.
Enter file in which to save the key (/home/hadoop/.ssh/id_rsa):
Enter passphrase (empty for no passphrase):
Enter same passphrase again:
Your identification has been saved in /home/hadoop/.ssh/id_rsa.
Your public key has been saved in /home/hadoop/.ssh/id_rsa.pub.
The key fingerprint is:
9a:45:1a:bf:8d:96:9a:81:ea:9b:22:c8:ec:26:16:6e hadoop@master
The key's randomart image is:
+--[ RSA 2048]----+
|                 |
|                 |
|       . .       |
|        = .      |
|         . S     |
|        . + =    |
|    = . . + = .  |
|   =E o    =     |
|   B+=. o        |
+-----------------+
```

图 3-43　生成公钥

f. 输入命令 scp authorized_keys hadoop@slave1:~/，实现将主机的密钥发送到从机 slave1 上，同理再发送到从机 slave2 上。

g. 按照系统提示需要输入 yes 并回车，输入登录密码 hadoop，显示 100%表明成功。如图 3-44 所示。

```
                            hadoop@master:~                              _ □ X
File  Edit  View  Search  Terminal  Help
|   . = . S       |
|    * + o        |
|     +  + E      |
|         = o     |
|          +..    |
+-----------------+
[hadoop@master .ssh]$ cat id_rsa.pub >> authorized_keys
[hadoop@master .ssh]$ chmod 600 ./authorized_keys
[hadoop@master .ssh]$ scp authorized_keys hadoop@slave:~/
The authenticity of host 'slave (192.168.233.4)' can't be established.
RSA key fingerprint is 44:47:c2:54:e6:1a:d8:69:1e:47:18:b9:26:52:25:13.
Are you sure you want to continue connecting (yes/no)? yes
Warning: Permanently added 'slave,192.168.233.4' (RSA) to the list of known host
s.
hadoop@slave's password:
Permission denied, please try again.
hadoop@slave's password:
authorized_keys                              100%  395     0.4KB/s   00:00
```

图 3-44　发送密钥到从机 slave

h. 输入 ssh slave1 验证，出现"Last login:……"，表明在主机 master 上，已成功登录从机 slave1；同理在主机 master 上免密登录 slave2，如图 3-45 所示。

```
[hadoop@master ~]$ ssh slave1
Last login: Wed Oct 21 07:48:42 2020 from master
[hadoop@slave1 ~]$ exit
logout
Connection to slave1 closed.
[hadoop@master ~]$ ssh slave2
Last login: Wed Oct 21 07:48:42 2020 from master
[hadoop@slave2 ~]$
```

图 3-45　在 master 上分别成功登录从机 slave1、slave2

同理，需要对从机 slave1、slave2 分别做同样的设置，切换到 hadoop 用户，生成公钥并利用命令 chmod 600 authorized_keys 更改权限。输入命令 ssh master，验证从机登录主机情况。

（9）安装 Hadoop

完全分布式安装 Hadoop，与伪分布式安装 Hadoop 方法一致，需要先对主机进行安装，具体安装方法参见伪分布式安装 Hadoop，在此不再赘述。从机 slave 安装 Hadoop 则可以借助 scp 传递的方式实现，具体实现过程则在 3.3.3 中实现。

3.3.3 完全分布式环境配置

Hadoop 完全分布式环境，需要配置的文件位置为/home/hadoop/hadoop-2.6.0-cdh5.6.0/etc/hadoop，需要配置的文件有 hadoop-env.sh、yarn-env.sh、core-site.xml、hdfs-site.xml、mapred-site.xml、yarn-site.xml、slaves 文件，并且指定 NameNode 和 JobTraker 的位置和端口，设置文件的副本等参数。其中 hadoop-env.sh 和 yarn-env.sh 里面都要添加 JDK 的环境变量。

（1）配置 hadoop-env.sh 环境

配置输入 hadoop-env.sh 环境和伪分布式安装中配置 hadoop-env.sh 的方法一致，在此不再赘述。

（2）配置 yarn-env.sh 环境

切换到 Hadoop 的安装目录，输入命令 vi ./etc/hadoop/yarn-env.sh，配置 YARN 里的 Java 安装路径参数，保存并退出。如图 3-46 所示。

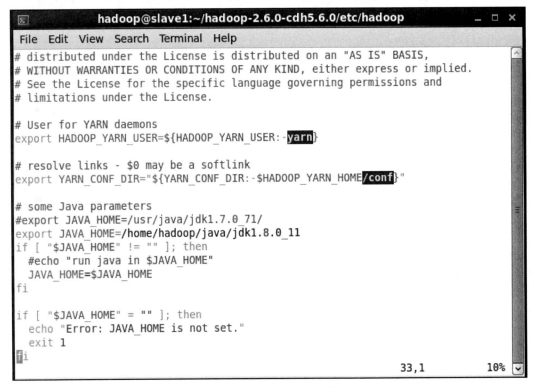

图 3-46 配置 YARN 参数

(3) 配置 core-site.xml 环境

切换到 Hadoop 的安装目录，输入命令 vi ./etc/hadoop/core-site.xml，在<configuration>和</configuration>之间输入信息，具体内容和伪分布式安装配置的 core-site.xml 内容完全一致。

(4) 配置 hdfs-site.xml 环境

输入命令 vi ./etc/hadoop/hdfs-site.xml，在<configuration>和</configuration>之间输入信息，具体内容和伪分布式安装配置的 hdfs-site.xml 信息完全一致。

```
<configuration>
  <property>
    <!--指定HDFS保存数据副本的数量，由于属于完全分布式，通常需要3台机器，所以设置为2-->
    <name>dfs.replication</name>
    <value>2</value>
  </property>
</configuration>
```

配置 hdfs-site.xml 文件，保存并退出。

(5) 配置 yarn-site.xml 环境

输入命令 vi ./etc/hadoop/yarn-site.xml，在<configuration>和</configuration>之间输入信息，具体内容和伪分布式安装内容一致，参见伪分布式安装中的配置 yarn-site.xml 文件部分。

(6) 配置 mapred-site.xml 环境

输入命令 cp ./etc/hadoop/mapred-site.xml.template ./etc/hadoop/mapred-site.xml，用于将文件 mapred-site.xml.template 更名为 mapred-site.xml。

输入命令 vi ./etc/hadoop/mapred-site.xml，在<configuration>和</configuration>之间输入和伪分布式安装配置 mapred-site.xml 信息一致的内容。具体参见伪分布式安装中配置 mapred-site.xml 内容。

(7) 配置 slave 环境

输入命令 vi ./etc/hadoop/slaves，将 localhost 修改为从节点 slave。在此有两个从机，则需要改为 slave1、slave2 等，修改后保存并退出。

(8) 利用 scp 传递从机

在主机 master 终端，输入命令切换到/home/hadoop 目录。

再输入命令 scp -r hadoop-2.6.0-cdh5.6.0 hadoop@slave1:~/hadoop/，将配置好的 hadoop 文件复制发送到从机 slave 1。同理，利用同样的方法，再传递给从机 slave 2。

(9) 配置.bash_profile 文件

分别在主机 master 和从机 slave 终端，切换到 root 用户，输入命令 vi ~/.bash_profile，在文档空白处输入以下信息：

export JAVA_HOME=/usr/java/jdk1.7.0-71/

export PATH=$JAVA_HOME/bin:$PATH

export HADOOP_HOME=/home/hadoop/hadoop-2.6.0-cdh5.6.0

export PATH=$HADOOP_HOME/bin:$HADOOP_HOME/sbin:$PATH

输入信息和伪分布式安装配置.bash_profile 文件一致并确认生效。

（10）创建 Hadoop 数据目录

主机和从机都需要创建 Hadoop 数据目录，切换目录到/home/hadoop 环境下，再输入命令 mkdir /home/hadoop/hadoopdata，创建/home/hadoop/hadoopdata 文件夹。

（11）使用前需要格式化

Hadoop 完全分布式安装第一次使用前，需要对其进行格式化，格式化后再次使用则不再需要格式化。具体格式化操作步骤如下。

① 输入命令 cd /home/hadoop/hadoop-2.6.0-cdh5.6.0/bin，切换目录。

② 输入命令 hadoop namenode -format 对其进行格式化，如图 3-47 所示。

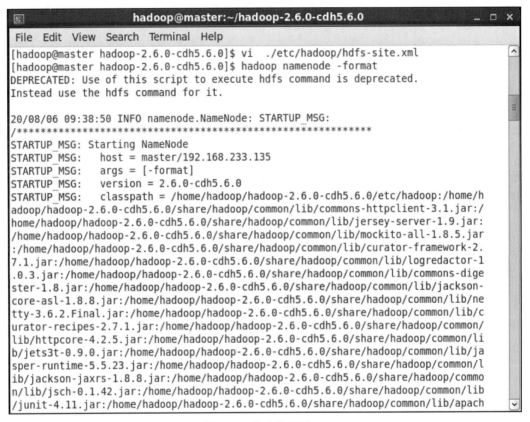

图 3-47　格式化 Hadoop

（12）使用前需要先启动 Hadoop

在主机 master，输入命令 start-all.sh 启动 Hadoop，系统会有一系列加载过程，如图 3-48 所示。

（13）查看进程检验

启动 Hadoop 并能正确运行后，可以查看进程检验其运行效果。

① 在主机 master 终端，输入命令 cd /home/hadoop/hadoop-2.6.0-cdh5.6.0/sbin，切换目录。

② 输入命令./start-all.sh，启动所有进程。

③ 分别在主机和从机上输入命令 jps，查看主机和从机的启动进程，出现图 3-49 所示进程，表示 Hadoop 完全分布式安装成功。

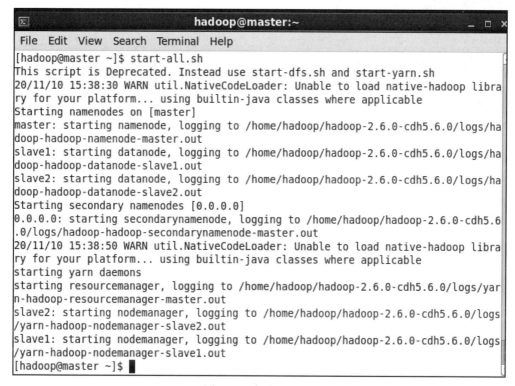

图 3-48　启动 Hadoop

（a）主机 master 的获得进程

（b）从机 slave1 的获得进程

（c）从机 slave2 的获得进程

图 3-49　查看进程检验

（14）借助 jar 包运行检验

① 配置环境后，可以检验安装 Hadoop 是否成功，则需要输入命令 cd /home/hadoop/hadoop-2.6.0-cdh5.6.0/share/hadoop/mapreduce，切换目录。

② 输入命令 hadoop jar hadoop-mapreduce-examples-2.6.0-cdh5.6.0.jar pi 2 2 检验，运行结果如图 3-50 所示。

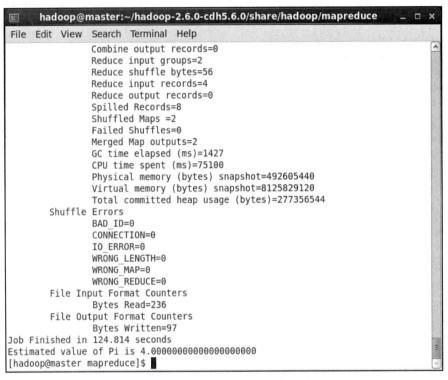

图 3-50　验证 MapReduce 示例程序

（15）验证查看 Hadoop 集群

① 在主机 master 上，单击系统自带的火狐浏览器，地址栏中输入 http://master:50070，系统弹出如图 3-51 所示的界面，显示相关集群的创建信息等。

图 3-51　主机 master 登录 http://master:50070

② 当选择图 3-51 中的"Datanodes"选项时，会显示 slave1、slave2 的相关信息，如图 3-52 所示。

图 3-52　查看"Datanodes"选项卡信息

③ 输入 http://master:18088，可以在 18088 端口查看集群相关信息，其中 Active Nodes 显示"2"，表明 2 个活动数据节点，如图 3-53 所示。

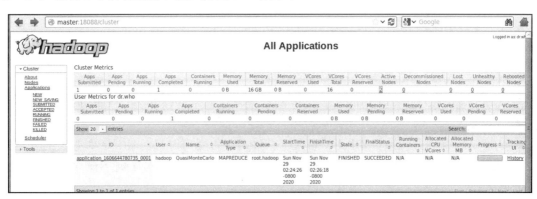

图 3-53　在 18088 端口可以查看集群相关信息

④ 单击 Active Nodes 下方的"2"可以查看 2 个数据节点的相关信息，如图 3-54 所示。

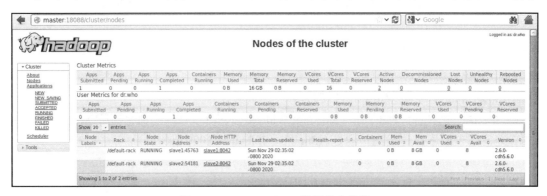

图 3-54　slave1、slave2 数据节点信息

任务4 使用 Xshell 远程终端模拟器

任务描述

Hadoop 集群的机器会分布在不同的区域,操作、控制等极其不方便。可以借助远程终端模拟器,借助就近的网络资源连接并控制远程的主机,方便用户就近处理突发事情,可以让用户轻松管理远程主机。

相关知识

3.4.1 Xshell 简介

Xshell 是一款强大的远程终端模拟软件,并且支持 SSH1、SSH2 和 TELNET 协议。借助 Xshell 可以在 Windows 界面下访问远端不同系统下的服务器,从而比较好地达到远程控制终端的目的。除此之外,Xshell 还有丰富的外观配色方案以及样式选择。

3.4.2 Xshell 特点

① Xshell6 支持中文版,方便用户使用。
② 可以设置选择个人数据保存到当前目录下。
③ 支持 IPv6,同时使用 IPv4 和 IPv6 网络或者完全的 IPv6 网络,Xshell6 都可完全满足需求。
④ 强大的分页式环境。Xshell6 引入了在终端模拟器可看见的最灵活和强大的分页式环境。Xshell 标签可以脱离原来的窗口并重新创建一个新窗口或重新连接一个完全不同的 Xshell 窗口。
⑤ 支持用户定义的文本编辑器编辑终端内容。

利用 Xshell6 可以使用第三方文本编辑器快速打开终端内容。通过使用外部文本编辑器例如 Notepad++、Sublime 或者 Visual Studio 来编辑终端内容,实现快速集成。

3.4.3 Xshell 下载和安装

(1)下载
① 登录 Xshell 官网,如图 3-55 所示。
② 单击中间绿色背景的 "Download for Windows",可以下载当前最新版 XShell 7,也可以选择之前的老版本,这里选择的是 XShell 6(Xshell-6.0.0204p.exe)。

(2)安装
Xshell 的安装需要直接双击 Xshell-6.0.0204p.exe 文件,单击下一步直到完成即可。

项目3　Hadoop环境搭建

图 3-55　Xshell 官网

3.4.4　Xshell 远程连接虚拟机

安装了 Xshell 后，就可以利用 Xshell 远程连接虚拟机了。
① 首先启动 Xshell，第一次启动时，工作界面如图 3-56 所示。
② 在"会话"窗格中，单击"新建"按钮，弹出如图 3-57 所示的"新建会话属性"对话框。

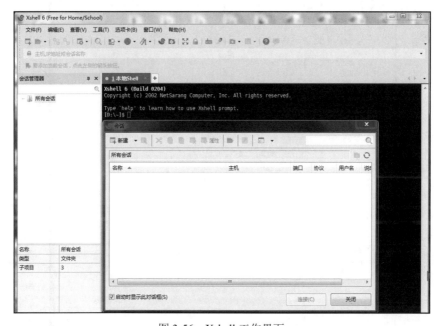

图 3-56　Xshell 工作界面

图 3-57 "新建会话属性"窗口

③ 在常规的"名称"栏中输入显示分布式集群中虚拟机的名称,这里输入的是"连接主机",在"主机"窗格中输入虚拟机的主机 master 的 IP 地址,这里输入的是"192.168.233.135",如图 3-58 所示。

图 3-58 连接分布式集群的主机

④ 在左侧"类别"中选择"用户身份验证",右侧输入需要连接分布式集群的相应虚拟机的用户名和密码,这里用户名是主机 master 的用户名"hadoop",密码也是"hadoop"。如图 3-59 所示。

图 3-59　输入用户名和密码

⑤ 单击"确定"按钮,在工作界面的"所有连接"中会出现创建会话的名称。如图 3-60 所示。

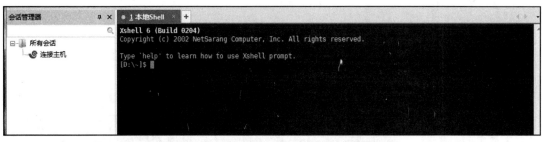

图 3-60　"会话"创建后的工作界面

⑥ 双击图 3-60 中左侧"所有会话"中的"连接主机"会话,系统开始连接虚拟机主机 master,出现如图 3-61 所示的界面表示连接成功。

同理,利用此方法可以连接虚拟机从机 slave1、从机 slave2,这里从机 slave1 的主机 IP 地址需要设置为"192.168.233.136";从机 slave2 的主机 IP 地址需要设置为"192.168.233.137"。

直接双击"连接从机 slave1"按钮,系统第一次连接虚拟机从机,会出现如图 3-62 所示的界面。这里需要选择"接受并保存"按钮。

分别连接虚拟机主机和两台虚拟机从机,连接成功如图 3-63 所示。

图 3-61 连接虚拟机主机

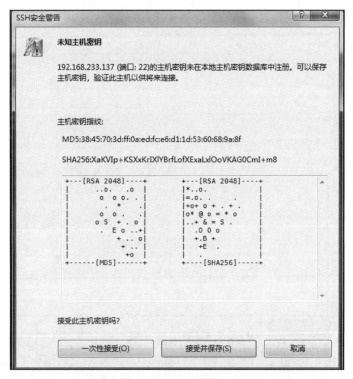

图 3-62 "SSH 安全警告"窗口

(a) 连接虚拟机主机 master

(b) 连接虚拟机从机 slave1

(c) 连接虚拟机从机 slave2

图 3-63 连接虚拟机主机和从机

任务5　使用 MobaXterm 终端软件

任务描述

前面介绍了远程连接虚拟机主机、从机的 Xshell，可以非常方便地远程控制虚拟机。但如果是重复性的操作，利用 Xshell 一次只能控制一台主机或者从机，非常不方便。此时，可以利用 MobaXterm 帮助解决此类问题。

相关知识

3.5.1　MobaXterm 简介

MobaXterm 是一款远程控制工具，俗称摩巴。它支持创建 SSH、Telnet、Rsh、Xdmc、RDP、VNC、FTP、SFTP、串口（Serial COM）、本地 Shell、Mosh、Aws、WSL（微软子系统）等非常多的连接功能，有人把它比作"万能终端控制软件"。MobaXterm 支持与主流的操作系统连接进行控制和管理操作，功能非常强大。

MobaXterm 的版本已经更新到了 20.0 版，用户可以根据自己的需要下载并安装。

3.5.2 MobaXterm 特点

① 多功能会话管理器，支持 Rdp、Vnc、Ssh、Mosh、X11 等多种网络工具。
② 支持同时往多个终端发同一命令。
③ 支持录制和回放键盘宏。
④ 支持多终端分屏显示，并支持全屏。
⑤ ssh/rsh/xdmcp 等提供新建会话对话框，对常用参数都提供了文字说明等。

3.5.3 MobaXterm 下载并安装

登录 MobaXterm 官网，如图 3-64 所示。

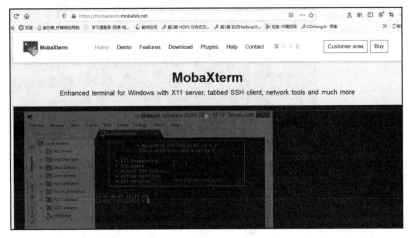

图 3-64　MobaXterm 官网

MobaXterm 分"Home Edition"家庭版和"Professional Edition"专业版两种。家庭版是免费的，专业版是收费的，如图 3-65 所示。

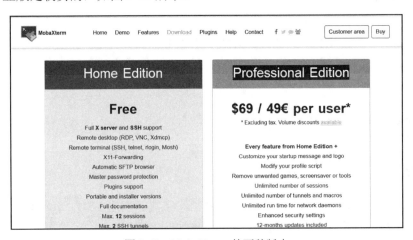

图 3-65　MobaXterm 的两种版本

用户根据自己的需要下载使用的 MobaXterm 版本后，双击并实现安装，安装过程比较简单，这里不再赘述。这里选择的是 MobaXterm_20.0 专业汉化版。

任务实现

3.5.4 使用 MobaXterm 连接虚拟机

① 启动 MobaXterm_20.0 专业汉化版，其工作界面如图 3-66 所示。

图 3-66　MobaXterm 工作界面

② 单击工具栏中的"会话"，系统弹出如图 3-67 所示的"会话设置"窗口。

③ 单击"SSH"，系统弹出基本 SSH 设置，输入主机"192.168.233.135"，可以勾选"指定用户名"并输入用户名"hadoop"，如图 3-68 所示。

④ 单击"好的"按钮，系统自动进入如图 3-69 所示的工作界面，需要用户输入远程连接虚拟机的密码，这里输入的是"hadoop"。

⑤ 输入正确的密码后，系统进入如图 3-70 所示的界面。

左侧"地址栏"默认显示的"/home/hadoop/"表示的是虚拟机主机 master 的/home/hadoop/目录，下面的"名称"栏中显示的是/home/hadoop/下包含的具体内容。

同理可以设置利用 MobaXterm 远程连接虚拟机的从机 slave1 和从机 slave2，这里从机 slave1 和从机 slave2 的 IP 地址分别设置为"192.168.233.136""192.168.233.137"。

⑥ 虚拟机主机、从机设置连接完成后，MobaXterm 工作界面如图 3-71 所示。

MobaXterm 可以单台机器远程连接虚拟机，也可以实现同时编辑多台。

⑦ 单击工具栏中的"多执行"，系统如图 3-72 所示。

同时执行编辑完成后，当选择图 3-73 右上角的"退出多执行模式"，则系统恢复到图 3-71 工作界面，可以实现单台操作。

图 3-67　MobaXterm "会话设置" 窗口

图 3-68　设置虚拟机主机信息

项目3　Hadoop环境搭建

图 3-69　输入虚拟机主机普通用户 hadoop 的密码

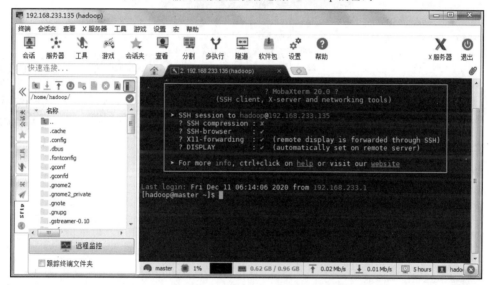

图 3-70　远程进入虚拟机主机 master 的工作界面

图 3-71　设置虚拟机集群后的 MobaXterm 工作界面

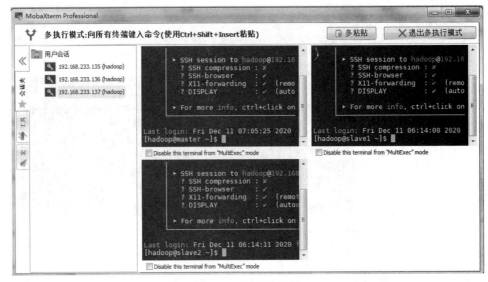

图 3-72 远程多执行

习 题

项目3 习题答案

项目3 线上习题+答案

一、填空题

1. Hadoop 环境搭建有_____种方式，分别是_____、_____、_____。
2. Hadoop 默认选择的最小配置，即_____，也称为单节点模式。
3. _____目录中存放最基本的管理脚本和使用脚本，用户可以使用这些脚本管理和使用 Hadoop。
4. _____目录为各个模块编译后的 jar 包所在目录。
5. Hadoop_____模式安装是在"单节点集群"上运行 Hadoop，其中所有的守护进程都运行在同一台机器上。
6. Xshell 是一款强大的安全终端模拟软件，并且支持_____、_____和 TELNET 协议。
7. MobaXterm 是一款远程控制工具，俗称_____。

二、选择题

1. Hadoop 的伪分布式安装的特点是（　　）。
   A. 启动 4 个进程　　　　　　B. 启动 2 个进程
   C. 启动 1 个进程　　　　　　D. 以上都不正确
2. 伪分布式安装需要（　　）。
   A. 启动防火墙　　　　　　　B. 克隆从机
   C. 关闭防火墙　　　　　　　D. 设置访问权限
3. 完全分布式安装需要（　　）。
   A. 关闭防火墙　　　　　　　B. 更改主机名/从机名称
   C. 免秘钥登录　　　　　　　D. 以上都正确
4. Hadoop 的运行模式是（　　）。

A. 单机模式 B. 伪分布式
C. 完全分布式 D. 以上都正确
5. 远程终端（　　）可以实现同时编辑多台机器。
A. Xsell B. Telnet
C. MobaXterm D. 以上都正确

三、简答题

1. 简述 Hadoop 单机模式安装的原理。
2. Hadoop 伪分布式环境搭建的操作步骤是什么？
3. Hadoop 完全分布式安装和伪分布式安装的区别是什么？
4. 简述 Hadoop 完全分布式安装的原理。
5. Hadoop 完全分布式安装的特点有哪些？

项目 4　分布式存储 HDFS

学习目标

1. 熟悉 HDFS 的体系结构。
2. 掌握 HDFS 的常用 Shell 命令。
3. 掌握 HDFS 的读写流程。
4. 掌握 IDEA 完成 HDFS 的文件读写操作。

思政与职业素养目标

1. 通过学习 HDFS 分布式存储基本思想，可以将"大事化小，小事化了"，增强学生不畏艰辛、敢于接受挑战的精神，并鼓励学生间互帮互助，团结合作。
2. 通过 HDFS 主从体系结构的学习，培养学生懂得"人的精力都是有限的"，学习期间凡事都需要知道轻重缓急，努力学习才是当前第一要务。
3. 通过各个任务的操作步骤，执行命令的输入、运行，培养学生做事要精益求精，要有一丝不苟的求真态度。
4. 借助不同方法可以实现同一效果，一题多解，培养学生具有发散思维，求变创新笃定前行。

任务 1　HDFS 的组成与工作机制

任务描述

通过项目 3 的伪分布式或者完全分布式集群搭建，查看 HDFS 生成的相关目录及文件信息，熟悉 HDFS 的相关文件生成情况以及 HDFS 工作流程。

> 相关知识

4.1.1 HDFS 简介

（1）HDFS 的由来

为了解决海量数据存储问题，Google 开发了分布式文件系统 GFS。HDFS 是 GFS 的开源实现，它是 Hadoop 的核心组件之一。HDFS 提供了在通用硬件集群中进行分布式文件存储的能力，是一个高容错性和高吞吐量的海量数据存储解决方案。

（2）HDFS 的特点

HDFS(Hadoop Distributed File System，Hadoop 分布式文件系统）以流式数据访问模式来存储超大文件，运行在由廉价普通机器组成的集群上，是管理网络中跨多台计算机存储的文件系统。它的基本原理是将文件切分成同等大小的数据块，存储到多台机器上，将数据切分、容错、负载均衡等功能透明化。

HDFS 上的文件被划分为相同大小的多个 block 块，以块作为独立的存储单位。Hadoop2.x 默认大小是 128MB，Hadoop1.x 是 64MB。如果想自定义文件块大小，可以修改 hdfs-site.xml 配置文件，通过 dfs.block.size 进行指定。

4.1.2 机架感知与副本冗余存储策略

（1）机架感知

通常，大型 Hadoop 集群会分布在很多机架上。在这种情况下，不同节点之间的通信希望尽量在同一个机架之内进行，而不是跨机架；为了提高容错能力，名称节点会尽可能把数据块的副本放到多个机架上。在综合考虑这两点的基础上，Hadoop 设计了机架感知（rack-aware）功能。

在默认情况下，HDFS 不能自动判断集群中各个 DataNode 的网络拓扑情况，此时集群默认都处在同一个机架名为"/default-rack"的机架下。这种情况下的任何一台 DataNode 机器，不管物理上是否属于同一个机架，都会被认为在同一个机架下。可以使用"hdfs dfsadmin -printTopology"查看整个集群的拓扑图。

（2）副本冗余存储策略

HDFS 上的文件对应的数据块保存有多个副本，且提供容错机制，副本丢失或宕机时自动恢复。HDFS 默认保存 3 份副本。

① 第一个副本：放置在上传文件的数据节点；如果是在集群外提交，则随机挑选一台磁盘不太慢、CPU 不太忙的节点。

② 第二个副本：放置在与第一个副本不同机架的节点上（从安全上考虑）。

③ 第三个副本：放置在与第二个副本相同机架的其他节点上（从效率上考虑）。

这种策略减少了机架间的数据传输，提高了写操作的效率。同时，因为数据块只放在两个不同的机架上，所以此策略减少了读取数据时需要的网络传输总带宽。一个副本在一个机架的一个节点上，另外两个副本在另外一个机架的不同节点上，如果还有更多副本则均匀分布在剩下的机架中，这一策略在不损害数据可靠性和读取性能的情况下改进了写的性能。

如果还有更多副本，这些副本会随机选择节点存放。

4.1.3 HDFS 体系结构

HDFS 具有主从（Master/Slave）体系结构，如图 4-1 所示。

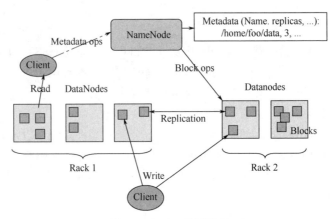

图 4-1　HDFS 体系结构

HDFS 集群有两类节点，并以 Master(管理者)-Slave(工作者)模式运行，即一个 NameNode(管理者)和多个 DataNode(工作者)。一个 HDFS 集群包含一个 NameNode 和若干的 DataNode，NameNode 是 master，主要负责管理 HDFS 文件系统。DataNode 主要是用来存储数据文件，HDFS 将一个文件分割成一个个的 Block，这些 Block 可能存储在一个 DataNode 上或者是多个 DataNode 上。DataNode 负责实际的底层的文件的读写，如果客户端 Client 程序发起了读 HDFS 上的文件的命令，那么首先将这些文件分成 Block，然后 NameNode 将告知 Client 这些 Block 数据是存储在哪些 DataNode 上的，之后，Client 将直接和 DataNode 交互。HDFS 集群中各个节点的作用和含义如下。

（1）NameNode

NameNode 主要负责文件系统命名空间的管理、存储文件目录的 Metadata 元数据信息。主要包括文件目录、Block 块和文件对应关系，以及 Block 块和 DataNode 数据节点的对应关系。

Namenode 全权管理数据块的复制，它周期性地从集群中的每个 DataNode 接收心跳信号和块状态报告（Blockreport）。接收到心跳信号意味着该 DataNode 节点工作正常。块状态报告包含了一个该 DataNode 上所有数据块的列表。

（2）DataNode

DataNode 启动后向 NameNode 主动注册，之后 DataNode 注册成功，DataNode 对数据块进行存储、创建、删除和备份。一个数据块在 DataNode 上以文件的形式存储在磁盘上，包括两个文件，一个是数据本身，另一个是元数据，包括数据块的长度、块数据的校验以及时间戳。其中 DataNode 和 NameNode 之间通过每 3 s 一次的心跳机制来保证两者之间互相通信的正常，心跳返回的结果带有 NameNode 给 DataNode 的命令。如果 10min 之内没有响应，则 DataNode 有可能宕机或者堵塞，若是宕机了则需要将 DataNode 重新启动，注册；若是堵塞则将该节点换掉添加新的节点。

（3）Secondary NameNode

Secondary NameNode 是 NameNode 的冷备份，定期与 NameNode 通信，合并 Fsimage 和

edits 日志文件，使 edits 大小保持在限制范围内，这样减少了重新启动 NameNode 时合并 Fsimages 和 edits 耗费的时间，从而减少 NameNode 的启动时间。Secondary NameNode 与 NameNode 通常运行在不同的机器上，且 Secondary NameNode 的内存与 NameNode 的内存一样大。

4.1.4 NameNode 工作原理

NameNode 通过元数据来定位文件的存储路径。如果元数据只是存储在磁盘文件中，当多个客户端同时访问时，响应速度就会受到限制。NameNode 使用 FsImage 和 EditLog 两个核心的数据结构来应对这种并发情况。在 HDFS 格式化的时候，在对应指定的存储目录中会生成一个 fsimage_000000000000000xxx 文件，用于存储所有的元数据，fsImage 文件中的数据会加载到内存中，这样就提高了读取文件的速度。除此之外，EditLog 事务日志文件记录每一个对文件系统元数据的改变，如在 HDFS 中创建一个新的文件，名称节点将会在 EditLog 中插入一条记录来记录这个改变。这个文件大小是有限制的，一般为 64MB。当 EditLog 文件存储大小达到 64MB 时，就会将这些元数据添加到 fsimage 文件中。

Secondary NameNode 是 HDFS 架构中的一个组成部分，如图 4-2 所示。它用来保存名称节点中对 HDFS 元数据信息的备份，减小 Editlog 文件大小，从而缩短名称节点重启的时间。

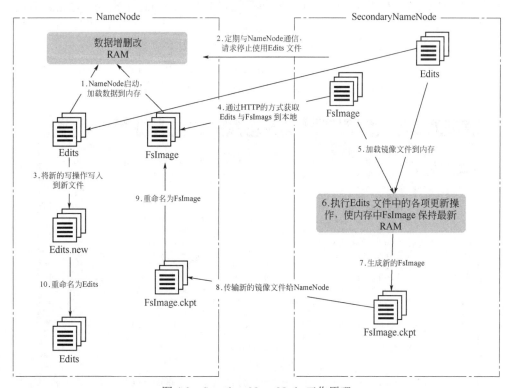

图 4-2　Seondary NameNode 工作原理

具体操作流程如下。

① HDFS 格式化后，会在 NameNode 数据存放目录生成一个 FsImage，如果有数据读写请求，则还会生成一个 edits 日志文件。

② Secondary NameNode 会定期和 NameNode 通信，请求其停止使用 edits 日志文件，暂时将新的写操作写到一个新的文件 edit.new 中，这个操作是瞬间完成的，上层写日志的函数完全感觉不到差别。

③ Secondary NameNode 通过 HTTP 方式从 NameNode 上获取到 FsImage 和 edits 日志文件，并下载到本地的相应目录下。

④ Secondary NameNode 将下载下来的 FsImage 载入到内存，然后一条一条地执行 edits 日志文件中的各项更新操作，使内存中的 FsImage 保持最新。

⑤ Secondary NameNode 执行完③操作之后，会通过 post 方式将新的 FsImage 文件发送到 NameNode 节点上。

⑥ NameNode 将从 Secondary NameNode 接收到的新的 FsImage 替换旧的 fsImage 文件，同时将 edit.new 替换 edits 日志文件，从而减小 edits 日志文件大小。

4.1.5 查看 NameNode 格式化后的数据文件

在项目 3 的完全分布式环境下，根据 HDFS 配置的 NameNode 数据存放地址，查看具体数据块的存储情况。

（1）进入 core-site.xml 文件查看配置的 NameNode 数据存放地址

① 在 Linux 终端，输入 cd /home/hadoop/hadoop-2.6.0-cdh5.6.0/etc/hadoop 切换到 /home/hadoop/hadoop-2.6.0-cdh5.6.0/etc/hadoop 目录下，如图 4-3 所示。

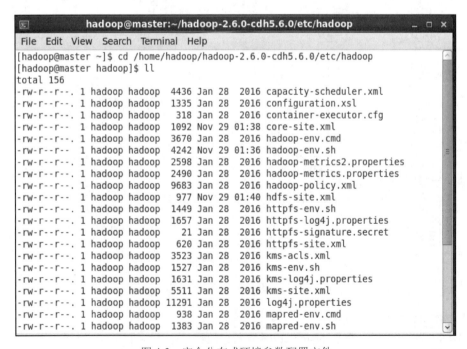

图 4-3 完全分布式环境参数配置文件

② 输入命令 vi core-site.xml，查看 core-site.xml 文件中的 hadoop.tmp.dir 属性，它即是 NameNode 数据存放的地址，如图 4-4 所示。其中/home/hadoop/hadoopdata 即是 NameNode 数据存放地址。

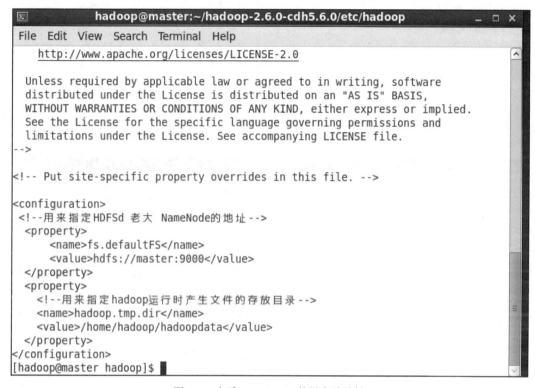

图 4-4　查看 NameNode 数据存放地址

（2）查看 NameNode 数据信息

① 输入命令 cd /home/hadoop/hadoopdata，进入/home/hadoop/hadoopdata 目录。
② 输入命令 ll，可以查看当前路径下的文件信息，如图 4-5 所示。

```
[hadoop@master hadoop]$ cd /home/hadoop/hadoopdata
[hadoop@master hadoopdata]$ ll
total 4
drwxrwxr-x. 4 hadoop hadoop 4096 Nov 24 08:02 dfs
```

```
[hadoop@master hadoop]$ cd /home/hadoop/hadoopdata
[hadoop@master hadoopdata]$ ll
total 4
drwxrwxr-x. 4 hadoop hadoop 4096 Nov 24 08:02 dfs
[hadoop@master hadoopdata]$
```

图 4-5　查看 hadoopdata 路径下的文件信息

③ 输入命令 cd dfs，进入 dfs 路径下，查看相关文件信息。

```
[hadoop@master hadoopdata]$ cd dfs
[hadoop@master dfs]$ ll
total 8
drwxrwxr-x. 3 hadoop hadoop 4096 Nov 29 02:12 name
drwxrwxr-x. 3 hadoop hadoop 4096 Nov 29 02:12 namesecondary
```

④ 输入命令 cd name/current/，查看 NameNode 格式化生成的文件信息，如图 4-6 所示。

```
[hadoop@master dfs]$ cd name/current/
[hadoop@master current]$ ll
```

图 4-6　查看 NameNode 格式化生成的文件信息

任务 2　HDFS 数据操作

任务描述

通过项目 3 的伪分布式或者完全分布式集群搭建，查看 HDFS 生成的相关目录及文件信息，熟悉 HDFS 的相关文件生成情况以及 HDFS 工作流程。

相关知识

4.2.1　HDFS shell 简介

HDFS 允许以文件和目录的形式组织用户数据。它提供了一个称为 FS shell 的命令行界面,该界面可让用户与 HDFS 中的数据进行交互。该命令集的语法类似于用户已经熟悉的其他 shell(例如 bash,csh)。

HDFS 的 shell 操作与 Linux shell 操作基本一致,只是在具体命令前面需要添加 hdfs dfs -。

4.2.2 HDFS 用户命令

用户可以通过许多不同的方式从应用程序访问 HDFS。HDFS 本身就为应用程序提供了 FileSystem Java API 以及 FS shell 的命令行界面。此外,还可以使用浏览器访问 HDFS web 界面的文件系统目录。这里主要讲解 FS shell 命令行界面以及 HTTP Web 界面查看文件信息,Java API 操作在后续任务 3 中讲解。

常用的 HDFS 命令如表 4-1 所示。

表 4-1 常用的 HDFS 命令

操作	命令
创建一个目录/foodir	bin/hdfs dfs -mkdir /foodir
删除一个目录/foodir	bin/hdfs dfs -rm -R /foodir
上传一个 test.txt 文件到/foodir 目录	bin/hdfs dfs -put test.txt /foodir
查看文件信息/foodir/myfile.txt	bin/hdfs dfs -cat /foodir/myfile.txt

4.2.3 启动并查看 HDFS 进程

通过 start-dfs.sh 启动 HDFS 进程,并通过 jps 查看具体服务启动情况,如图 4-7 所示。

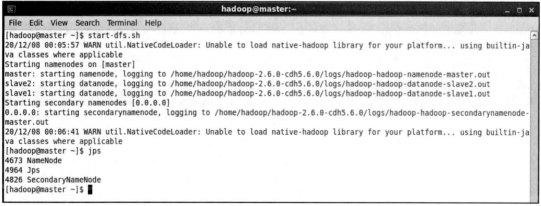

图 4-7 启动 HDFS 集群

启动成功后,在终端输入命令 hdfs dfs,可以查看以 hdfs dfs 开头的所支持的所有命令,如图 4-8 所示。

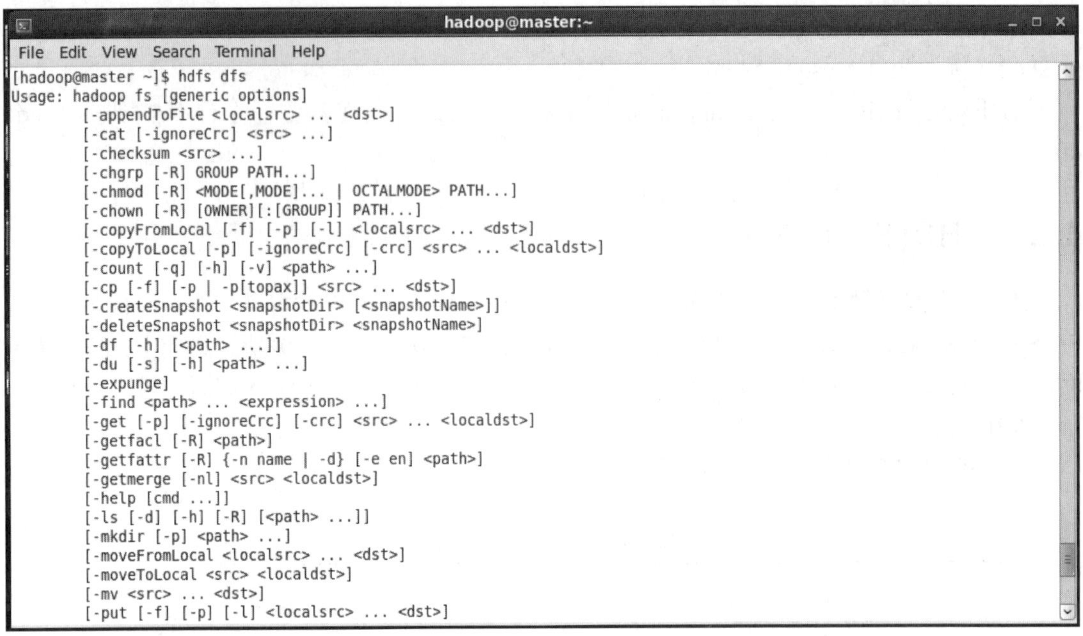

图 4-8 HDFS 支持的命令集

4.2.4 借助浏览器查看

典型的 HDFS 安装会将 Web 服务器配置为通过可配置的 TCP 端口公开 HDFS 命名空间。允许用户使用 Web 浏览器浏览 HDFS 命名空间并查看其文件的内容。使用 CentOS 默认提供的火狐浏览器可以实现访问。

① 打开火狐浏览器，在地址栏中输入 master:50070 或者 192.168.233.135:50070，可以查看 NameNode 相关信息（其中 master 是集群的主机名，192.168.233.135 是 master 主机的 ip 地址），如图 4-9 所示。

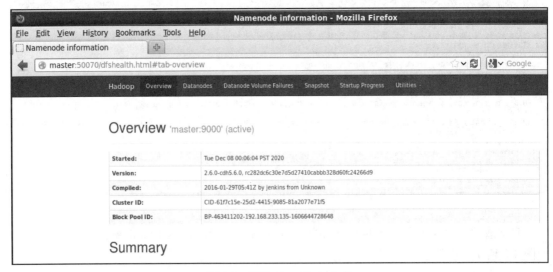

图 4-9 查看 NameNode 主页

② 选择菜单项（Utilites）的第一个选项"Browse the file system"命令，进入 HDFS 文件存储目录，可以查看其具体文件信息，如图 4-10 所示。

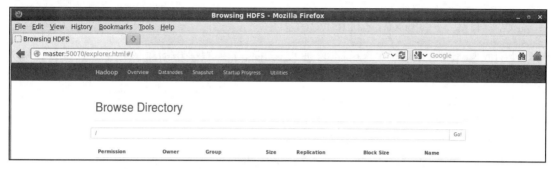

图 4-10　HDFS 文件系统浏览主页

4.2.5　HDFS 管理员命令

hdfs dfsadmin 命令集用于管理 HDFS 集群。HDFS 管理员可以使用的命令示例如表 4-2 所示。

表 4-2　HDFS 管理员常用命令

行动	命令
将集群置于安全模式	bin/hdfs dfsadmin -safemode enter
生成数据节点列表	bin/hdfs dfsadmin -report
重新启用或停用 DataNode	bin/hdfs dfsadmin -refreshNodes

在终端输入 hdfs dfsadmin 可以查看 HDFS 支持的所有管理员命令，如图 4-11 所示。

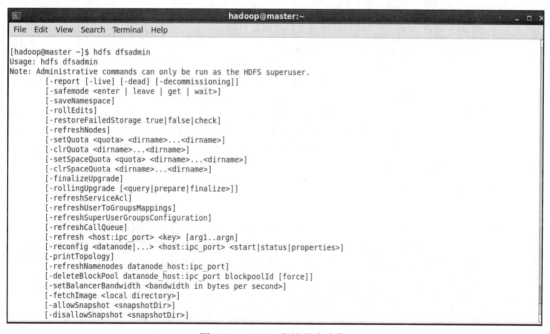

图 4-11　HDFS 支持的命令集

4.2.6 HDFS 完成数据文件的简单操作

在 HDFS 用户家目录下创建一个目录 hdfs_data 并在目录中创建一个 test.txt 文件,输入 Hello HDFS! 信息,并保存退出。

具体操作步骤如下。

(1) 在用户家目录下创建指定目录和文件

① 输入命令 cd ~,切换目录到用户的家目录。

② 输入命令 mkdir hdfs_data,创建目录 hdfs_data。

③ 输入命令 cd hdfs_data/,切换到 HDFS 的目录 hdfs_data。

④ 输入命令 vim test.txt,创建并编辑 test.txt 文件信息。

⑤ 按字母 i 键,开始编辑并输入指定信息 Hello HDFS!,保存并退出。

具体操作如下:

```
[hadoop@master ~]$ cd ~
[hadoop@master ~]$ mkdir hdfs_data
[hadoop@master ~]$ cd hdfs_data/
[hadoop@master hdfs_data]$ vim test.txt
```

⑥ 输入命令 cat text.txt,可以查看其具体内容。

操作实现如图 4-12 所示。

```
[hadoop@master ~]$ cd ~
[hadoop@master ~]$ mkdir hdfs_data
[hadoop@master ~]$ cd hdfs_data/
[hadoop@master hdfs_data]$ vim test.txt
[hadoop@master hdfs_data]$ cat test.txt
Hello HDFS!
[hadoop@master hdfs_data]$
```

图 4-12 在用户家目录下创建指定目录和文件

(2) 在 hdfs 中创建一个/hdfs_data/test 目录

在 hdfs 中创建一个/hdfs_data/test 目录,需要使用 hdfs 命令实现。

输入命令 hdfs dfs -mkdir -p /hdfs_data/test,实现在 HDFS 中创建一个/hdfs_data 文件并在其内又创建了一个子目录/test。

具体操作如下:

```
[hadoop@master hdfs_data]$ hdfs dfs -mkdir -p /hdfs_data/test
```

操作实现如图 4-13 所示。

```
[hadoop@master hdfs_data]$ hdfs dfs -mkdir -p /hdfs_data/test
20/12/10 22:28:50 WARN util.NativeCodeLoader: Unable to load native-hadoop libra
ry for your platform... using builtin-java classes where applicable
```

图 4-13 在 HDFS 中创建一个/hdfs_data/test 目录

（3）把 hadoop 用户家目录下的 test.txt 文件上传到/hdfs

使用 hdfs 命令把 hadoop 用户家目录下的 test.txt 文件上传到/hdfs_data/test 目录下。
具体操作如下：

```
[hadoop@master hdfs_data]$ hdfs dfs -put test.txt /hdfs_data/test
```

操作实现如图 4-14 所示。

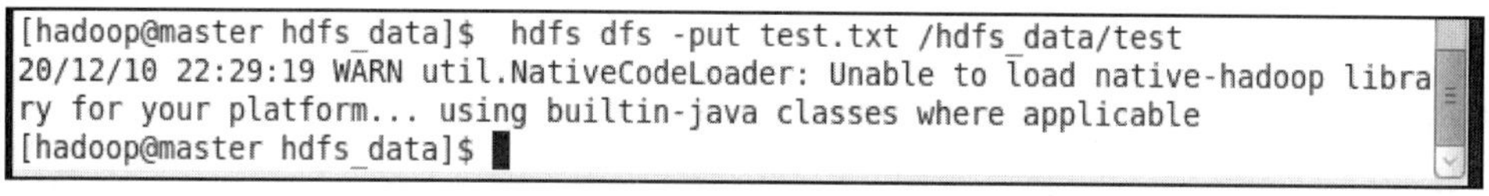

```
[hadoop@master hdfs_data]$ hdfs dfs -put test.txt /hdfs_data/test
20/12/10 22:29:19 WARN util.NativeCodeLoader: Unable to load native-hadoop libra
ry for your platform... using builtin-java classes where applicable
[hadoop@master hdfs_data]$
```

图 4-14　把 hadoop 用户家目录下的 test.txt 文件上传到/hdfs

（4）使用 hdfs 命令查看

使用 hdfs 命令可以查看文件是否上传成功。
具体操作如下：

```
[hadoop@master hdfs_data]$ hdfs dfs -ls /hdfs_data/test
Found 1 items
 -rw-r--r--   3 hadoop supergroup          14 2020-12-08 00:59
/hdfs_data/test/test.txt
```

操作实现如图 4-15 所示。

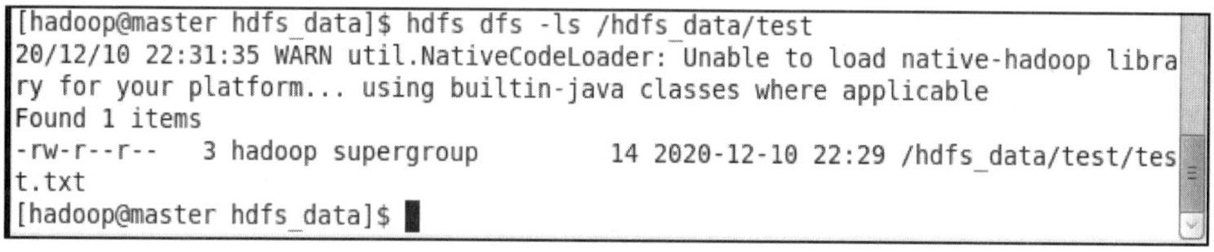

```
[hadoop@master hdfs_data]$ hdfs dfs -ls /hdfs_data/test
20/12/10 22:31:35 WARN util.NativeCodeLoader: Unable to load native-hadoop libra
ry for your platform... using builtin-java classes where applicable
Found 1 items
-rw-r--r--   3 hadoop supergroup          14 2020-12-10 22:29 /hdfs_data/test/tes
t.txt
[hadoop@master hdfs_data]$
```

图 4-15　查看 hdfs 文件

（5）查看 HDFS 上的 test.txt 文件内容

使用 hdfs 命令可以查看 HDFS 上的 test.txt 文件内容。
具体操作如下：

```
[hadoop@master hdfs_data]$ hdfs dfs -text /hdfs_data/test/test.txt
  Hello HDFS!
```

或者

```
[hadoop@master hdfs_data]$ hdfs dfs -cat /hdfs_data/test/test.txt
Hello HDFS!
```

操作实现如图 4-16 所示。

```
[hadoop@master hdfs_data]$ hdfs dfs -text /hdfs_data/test/test.txt
20/12/10 22:33:15 WARN util.NativeCodeLoader: Unable to load native-hadoop libra
ry for your platform... using builtin-java classes where applicable
Hello HDFS!
[hadoop@master hdfs_data]$ hdfs dfs -cat /hdfs_data/test/test.txt
20/12/10 22:33:25 WARN util.NativeCodeLoader: Unable to load native-hadoop libra
ry for your platform... using builtin-java classes where applicable
Hello HDFS!
[hadoop@master hdfs_data]$
```

图 4-16 查看 HDFS 上的 test.txt 文件内容

（6）下载 test.txt 文件到用户家目录下

使用 hdfs 命令可以下载 test.txt 文件到用户家目录下。

具体操作如下：

```
[hadoop@master hdfs_data]$ rm -rf test.txt
[hadoop@master~]$ hdfs dfs -get /hdfs_data/test/test.txt
```

操作实现如图 4-17 所示。

```
[hadoop@master hdfs_data]$ rm -r test.txt
[hadoop@master hdfs_data]$ ll
total 0
[hadoop@master hdfs_data]$ hdfs dfs -get /hdfs_data/test/test.txt
20/12/10 22:35:24 WARN util.NativeCodeLoader: Unable to load native-hadoop libra
ry for your platform... using builtin-java classes where applicable
[hadoop@master hdfs_data]$ ll
total 4
-rw-r--r-- 1 hadoop hadoop 14 Dec 10 22:35 test.txt
[hadoop@master hdfs_data]$
```

图 4-17 使用 hdfs 命令可以下载 test.txt 文件到用户家目录

（7）删除 HDFS 上的 test.txt 文件

具体操作如下：

```
[hadoop@master ~]$ hdfs dfs -rm /hdfs_data/test/test.txt
Deleted /hdfs_data/test/test.txt
[hadoop@master ~]$ hdfs dfs -ls /hdfs_data/test/
[hadoop@master ~]$
```

4.2.7 使用 HDFS 管理员命令完成相关服务操作

（1）查看集群状态

可以查看集群的模式是否是安全模式状态。

具体操作如下：

```
[hadoop@master ~]$ hdfs dfsadmin -safemode get
Safe mode is OFF
```

（2）刷新启用服务节点，一般用于 Hadoop 高可用动态增删节点

具体操作如下:

```
[hadoop@master ~]$ hdfs dfsadmin -refreshNodes
Refresh nodes successful
```

任务 3 创建 HDFS 项目

任务描述

安装 Java 开发工具 IDEA，使用 Maven 项目管理工具，创建 HDFS 项目，常用于后续 HDFS 文件读写操作。

具体操作步骤如下。

① 在集群 Master 主机上下载并安装 IDEA 工具，并完成相应的配置。
② 在安装好的 IDEA 开发工具中创建一个 Maven 项目。
③ 在 Maven 项目的 pom.xml 文件中指定 hdfs 操作的相关 jar 依赖包。
④ 查看 Maven jar 依赖包是否下载成功。

相关知识

4.3.1 IDEA 开发工具使用

（1）IDEA 简介

IDEA 全称 IntelliJ IDEA，是 Java 编程语言开发的集成环境。IntelliJ 在业界被公认为最好的 Java 开发工具，尤其在智能代码助手、代码自动提示、重构、JavaEE 支持、各类版本工具(git、svn 等)、JUnit、CVS 整合、代码分析、创新的 GUI 设计等方面的功能可以说是超常的。IDEA 的旗舰版本还支持 HTML、CSS、PHP、MySQL 及 Python 等。免费版只支持 Java、Kotlin 等少数语言。

（2）Maven 简介

Maven 是一个 Apache 的开源项目，主要服务于基于 Java 平台的项目构建、依赖管理和项目信息管理。

如今构建一个项目需要用到很多第三方的类库，例如，写一个使用 Hadoop 项目就需要引入大量的 Jar 包。一个项目 Jar 包的数量之多往往让人瞠目结舌，并且 Jar 包之间的关系错综复杂，一个 Jar 包往往又会引用其他 Jar 包，缺少任何一个 Jar 包都会导致项目编译失败。而 Maven 就是一款帮助程序员构建项目的工具，只需要告诉 Maven 需要哪些 Jar 包，它会自动下载所有的 Jar，极大提升开发效率。

4.3.2 IDEA 安装

为了在 Linux 环境下下载 IDEA，可以使用 CentOS 系统自带的火狐浏览器，访问 IDEA 官网下载地址，下载 Linux 平台的社区免费版 Community，如图 4-18 所示。

图 4-18 IDEA 下载地址

下载默认保存在/tmp/mozilla_root0/目录下，使用命令移动到/opt 目录下，并解压；相关执行命令如下：

① 进入到 idea 开发工具保存地址。

```
[hadoop@master ~]# cd /tmp/mozilla_root0/
```

② 移动 idea 安装包到/opt 目录。

```
[hadoop@master mozilla_root0]# mv ideaIC-2020.3.tar.gz /opt/
```

③ 切换目录到/opt 目录。

```
[hadoop@master mozilla_root0]# cd /opt/
```

④ 解压 idea 安装目录到当前所在目录。

```
[hadoop@master opt]# tar -zxf ideaIC-2020.3.tar.gz
```

⑤ 查看解压后的 idea/bin 目录执行脚本信息，其中 idea.sh 即是启动开发工具的脚本，如图 4-19 所示。

```
[hadoop@master opt]# ll bin/idea-IC-203.5981.155/
```

```
总用量 164
-rw-r--r--.  1 root root   136 12月  1 06:36 appletviewer.policy
-rwxr-xr-x.  1 root root   224 12月  1 06:36 format.sh
-rwxr-xr-x.  1 root root 26636 12月  1 06:36 fsnotifier
-rwxr-xr-x.  1 root root 32846 12月  1 06:36 fsnotifier64
-rw-r--r--.  1 root root   405 12月  1 06:36 idea64.vmoptions
-rw-r--r--.  1 root root  5462 12月  1 06:36 idea.png
-rw-r--r--.  1 root root 11281 12月  1 06:36 idea.properties
-rwxr-xr-x.  1 root root  8131 12月  1 06:36 idea.sh
-rw-r--r--.  1 root root  2317 12月  1 06:36 idea.svg
-rw-r--r--.  1 root root   413 12月  1 06:36 idea.vmoptions
-rwxr-xr-x.  1 root root   299 12月  1 06:36 inspect.sh
-rw-r--r--.  1 root root 29176 12月  1 06:36 libdbm64.so
-rw-r--r--.  1 root root  2613 12月  1 06:36 log.xml
-rwxr-xr-x.  1 root root   246 12月  1 06:36 ltedit.sh
-rwxr-xr-x.  1 root root   646 12月  1 06:36 printenv.py
-rwxr-xr-x.  1 root root   808 12月  1 06:36 restart.py
```

图 4-19　IDEA 启动脚本

⑥ 配置 bin 目录到/etc/profile 中，方便启动。

```
[hadoop@master bin]# vim /etc/profile
export IDEA_HOME=/opt/idea-IC-203.5981.155
export PATH=$PATH:$IDEA_HOME/bin
```

⑦ 重新加载全局环境变量配置文件。

```
[hadoop@master bin]# source /etc/profile
```

⑧ 启动开发工具，注意当前窗口会被占用，不要关闭，否则 idea 工具也会退出。

```
[hadoop@master bin]# idea.sh
OpenJDK 64-Bit Server VM warning: Option UseConcMarkSweepGC was deprecated
in version 9.0 and will likely be removed in a future release.
```

⑨ 启动成功后，会打开 IDEA 的配置界面，具体配置过程如下（如图 4-20 所示）。
a. 勾选复选框，通过工具使用协议。

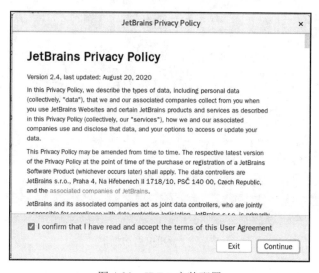

图 4-20　IDEA 安装配置

b. 选择是否分享，选择不分享，具体如图 4-21 所示。

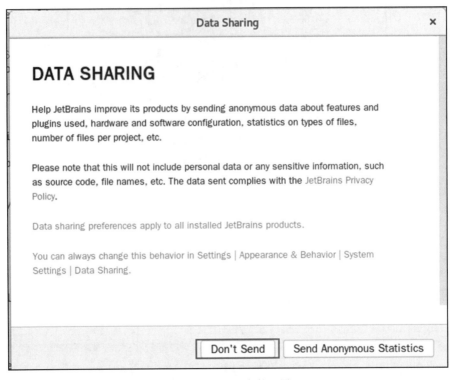

图 4-21　IDEA 安装配置

c. 配置完成，开始启动，如图 4-22 所示。

图 4-22　IDEA 启动脚本

d. 启动成功，进入创建项目主窗口，到此配置完毕，IDEA 会打开创建项目窗口，如图 4-23 所示。

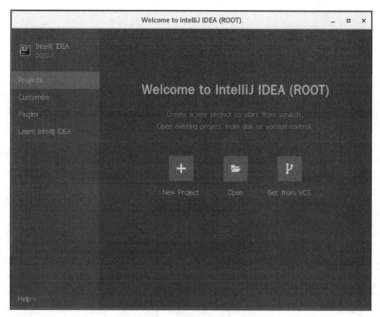

图 4-23　IDEA 启动脚本

4.3.3　借助 IDEA 创建 Maven 项目

① 运行 idea.sh 脚本启动 IDEA 开发工具，点击 New Project，进入图 4-24 所示界面，选择 IDEA 工具自带的 Maven，创建一个 Maven 项目。

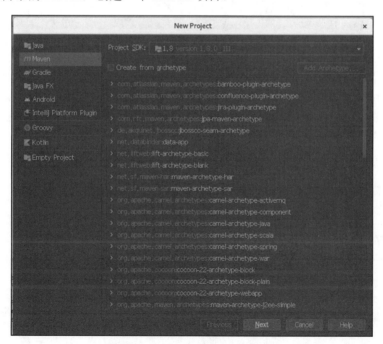

图 4-24　IDEA 创建 Maven 项目

② 配置项目名称（Name）、项目存放地址（Location）以及项目打包生成的相关信息。GroupId 和 ArtifactId 被统称为坐标，是为了保证项目唯一性而提出的，GroupId 一般分

为多段,第一段为域,第二段为公司名称。Version 是项目的开发版本号,默认是 1.0 快照版,具体配置如图 4-25 所示。

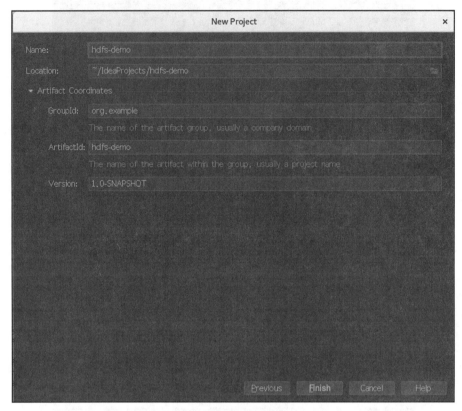

图 4-25 IDEA 创建 Maven 项目

③ 如上述配置完毕后,点击 Finish 自定义完成,IDEA 会创建 Maven 相关架构目录,并会打开一个 pom.xml 文件,其中有刚才 UI 界面填写的信息。

在 pom.xml 文件中指定镜像仓库地址和项目 Jar 依赖包,具体信息如下:

```
<!--指定maven项目jdk编译版本,默认是jdk1.5-->
<properties>
  <maven.compiler.source>8</maven.compiler.source>
  <maven.compiler.target>8</maven.compiler.target>
</properties>
<!--指定依赖jar包下载的仓库地址为国内阿里云,默认是国外地址,下载较慢-->
<repositories>
    <repository>
        <id>maven-ali</id>
        <url>http://maven.aliyun.com/nexus/content/groups/public//</url>
        <releases>
            <enabled>true</enabled>
        </releases>
        <snapshots>
```

```xml
                <enabled>true</enabled>
                <updatePolicy>always</updatePolicy>
                <checksumPolicy>fail</checksumPolicy>
            </snapshots>
        </repository>
    </repositories>
    <!--指定项目所需依赖库-->
    <dependencies>
        <dependency>
            <groupId>org.apache.hadoop</groupId>
            <artifactId>hadoop-hdfs</artifactId>
            <version>2.7.3</version>
        </dependency>
        <dependency>
            <groupId>org.apache.hadoop</groupId>
            <artifactId>hadoop-client</artifactId>
            <version>2.7.3</version>
        </dependency>
    </dependencies>
```

④ 配置完毕后，在 pom.xml 中右键→Maven→Reload Project，刷新项目下载相应依赖 Jar，可用打开右侧 Maven 窗口查看具体情况，如图 4-26 所示。

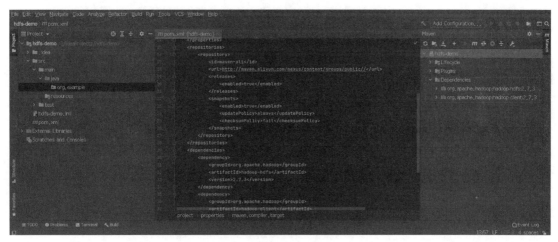

图 4-26 IDEA 配置 Jar 依赖

任务 4 HDFS 的文件读写

任务描述

HDFS 本身就为应用程序提供了 FileSystem Java API，可以通过编写 Java 程序来完成

HDFS 文件的相关读写操作。

相关知识

4.4.1 HDFS 文件读写流程

（1）客户端向 HDFS 写文件

客户端要向 HDFS 写数据，如图 4-27 所示，首先与 NameNode 通信以确认可以写文件并获得接收文件 Block 的 DataNode(切块在客户端进行)，然后客户端按顺序将文件逐个 Block 传递给相应 DataNode，并由接收到 Block 的 DataNode 负责向其他 DataNode 复制 Block 副本。默认情况下每个 Block 都有三个副本，HDFS 数据存储单元（block）。

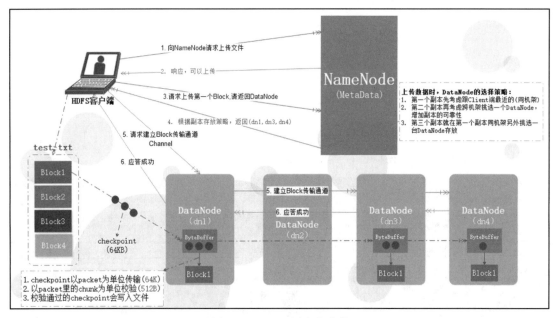

图 4-27　HDFS 写文件流程

步骤详细说明如下。

① Client 与 NameNode 通信请求上传文件，NameNode 检查目标文件是否已存在，父目录是否存在。

② NameNode 响应可以上传。

③ Client 请求 Block 该传输到哪些 DataNode 服务器上。

④ NameNode 返回 3 个 DataNode 服务器 dn1，dn3，dn4。

⑤ Client 请求 3 台 DataNode 中的一台 dn1 上传数据，dn1 收到请求会继续调用 dn3，然后 dn3 调用 dn4，将整个传输通道建立完成，逐级应答客户端。

⑥ Client 开始往 dn1 上传第一个 Block（先从磁盘读取数据放到一个本地内存缓存），以 packet 为单位，dn1 收到一个 packet 就会传给 dn3，dn3 传给 dn4；dn1 每传一个 packet 会放入一个应答队列等待应答。

当一个 Block 传输完成之后，Client 再次请求 NameNode 上传第二个 Block 的服务器。

（2）客户端向 HDFS 读文件

客户端将要读取文件，如图 4-28 所示，先把路径发送给 NameNode，NameNode 获取文件的元信息（主要是 Block 的存放位置信息）返回给客户端，客户端根据返回的信息找到相应 DataNode 逐个获取文件的 Block，并在客户端本地进行数据追加合并从而获得整个文件。

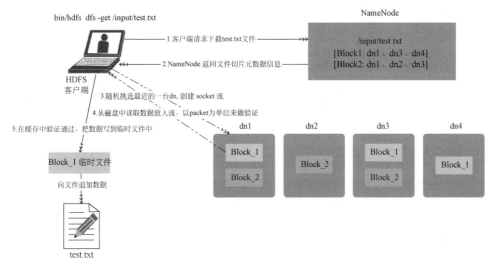

图 4-28　HDFS 读文件流程

详细步骤解析如下。

① Client 与 NameNode 通信查询元数据，找到文件块所在的 DataNode 服务器。

② 挑选一台 DataNode（就近原则，然后随机）服务器，请求建立 socket 流。

③ DataNode 开始发送数据（从磁盘里面读取数据放入流，以 packet 为单位来做校验）。

④ 客户端以 packet 为单位接收，先在本地缓存，也会做校验的工作，校验通过，写入到临时文件，清空缓存，然后写入目标文件。

4.4.2　启动 Hadoop 进程

具体操作步骤如下。

① 打开系统终端，输入命令 start-dfs.sh，成功启动 Hadoop 集群。如图 4-29 所示。

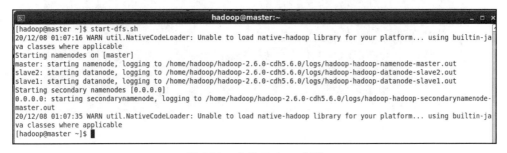

图 4-29　启动 Hadoop 集群

② 输入命令 jps，查看系统的服务情况，如图 4-30 所示。目的是为了查看 NameNode、DataNode 以及 Secondary NameNode 服务进程是否启动。

```
[hadoop@master ~]$ jps
6288 SecondaryNameNode
6102 NameNode
6391 Jps
[hadoop@master ~]$
```

图 4-30　查看系统进程

注意：在完成 HDFS 具体文件读写之前，要确保 Hadoop 的相关服务进程已经启动。

4.4.3　客户端向 HDFS 写文件

使用 IDEA 开发工具完成 HDFS 文件写的操作，具体步骤如下。

① 使用 IDEA 创建一个 Maven 项目，参考 4.3.3 步骤或直接使用之前创建好的项目也可以。

② 在 pom.xml 文件中添加 hdfs-client 以及 hadoop-hdfs 依赖。

③ 在项目 src/main/java 目录下右键创建一个 org.example.WriterHDFS 类，如图 4-31 所示。

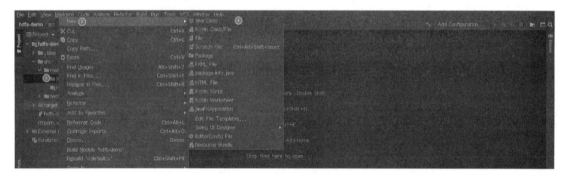

图 4-31　IDEA 新建类（1）

在弹出的窗口输入 org.example.WriterHDFS，如图 4-32 所示。

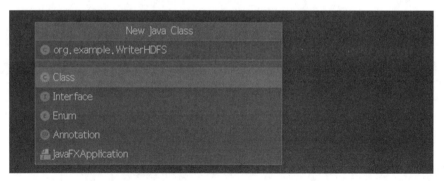

图 4-32　IDEA 新建类（2）

执行的结果如图 4-33 所示。

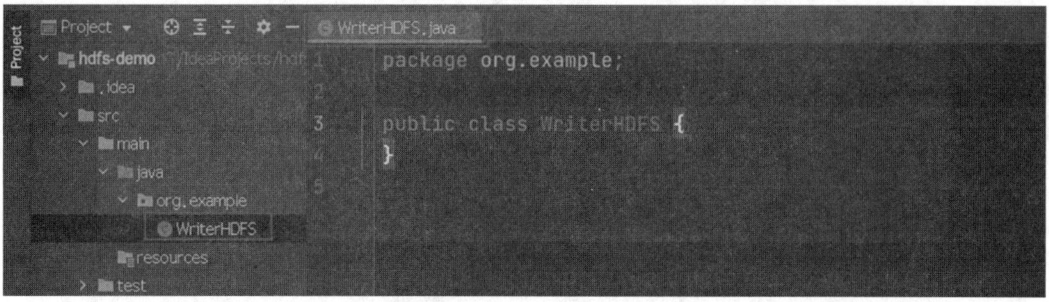

图 4-33　IDEA 新建类（3）

④ 编写写文件业务逻辑。

```java
package org.example;
import org.apache.hadoop.conf.Configuration;
import org.apache.hadoop.fs.FSDataOutputStream;
import org.apache.hadoop.fs.FileSystem;
import org.apache.hadoop.fs.Path;

import java.io.IOException;
import java.net.URI;

public class WriterHDFS {
    public static void main(String[] args) throws IOException {
        //创建配置对象
        Configuration conf = new Configuration();
        //指定文件存储地址及文件名称
        String file = hdfs://node:8020/file/hdfsTest.txt ;
        //根据配置对象和文件地址获取文件对象
        FileSystem fs = FileSystem.get(URI.create(file), conf);
        //创建一个 FS 的写入流
        FSDataOutputStream hdfsOS = fs.create(new Path(file));
        //声明要写入的数据信息
        String str =  hello HDFS Welcome!!!\n Java.\n ;
        //向创建好的文件中写入数据
        hdfsOS.write(str.getBytes(), 0, str.getBytes().length);
        //关闭 IO 流，释放资源
        hdfsOS.close();
        fs.close();
    }
}
```

⑤ 运行 main 执行代码，如图 4-34 所示。
⑥ 在 HDFS 的 WebUI 界面查看文件是否写入成功，如图 4-35 所示。

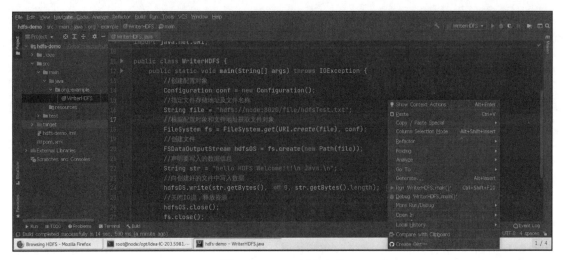

图 4-34 IDEA 运行主类

图 4-35 查看文件上传情况

4.4.4 客户端向 HDFS 读文件

使用 IDEA 开发工具完成 HDFS 文件写的操作，在 4.4.2 项目的基础上继续开发，具体步骤如下。

① 在项目 src/main/java 目录下创建一个 org.example.ReaderHDFS 类。

② 编写写文件业务逻辑。

```
package org.example;

import org.apache.hadoop.conf.Configuration;
import org.apache.hadoop.fs.FSDataInputStream;
import org.apache.hadoop.fs.FileSystem;
import org.apache.hadoop.fs.Path;

import java.io.IOException;
import java.net.URI;

public class ReaderHDFS {

    public static void main(String[] args) throws IOException {
```

```
        //创建HDFS配置对象
        Configuration conf = new Configuration();
        //指定读取文件地址，注意修改自己的主机名和端口
        String file = hdfs://node:8020/file/hdfsTest.txt ;
        //根据配置对象和文件地址获取文件对象
        FileSystem fs = FileSystem.get(URI.create(file), conf);
        //创建一个FS的读取流
        FSDataInputStream hdfsIS = fs.open(new Path(file));
        //指定每次读取文件缓冲的大小
        byte[] ioBuffer = new byte[1024];
        //读取长度
        int readLen = -1;
        //循环读取，如果读取长度不为-1则继续读取，返回-1表示读取到文件末尾了
        while ((readLen=hdfsIS.read(ioBuffer)) != -1) {
            //将读取的数据打印到控制台
            System.out.write(ioBuffer, 0, readLen);
        }
        //释放资源
        hdfsIS.close();
        fs.close();
    }
}
```

右键运行代码查看控制台读取信息，如图4-36所示。

图4-36 查看文件读取信息

项目4 习题答案

项目4 线上习题 + 答案

一、填空题

1. 在默认情况下，Hadoop 2.x 的 HDFS 块的大小为_____。
2. 在大多数情况下，副本系数是3，HDFS 的存放策略将第二个副本放在_____。
3. NameNode 的 Web 界面默认占用哪个端口号_____。

4. HDFS 首先把大数据文件切分成若干个小的数据块，再把这些数据块分别写入不同的节点，这些负责保存文件数据的节点被称为_____。
5. NameNode 维护着两个重要文件，其中存储文件系统元数据信息的是_____文件，保存 HDFS 客户端执行的所有操作记录的文件是_____。

二、选择题

1. Hadoop 2.x 的 HDFS 文件系统中一个 gzip 文件大小 75MB，客户端设置 Block 的大小为默认，请问此文件占用几个 Block（　　）。
   A. 1　　　　　　B. 2　　　　　　C. 3　　　　　　D. 4
2. HDFS 集群中的 NameNode 职责不包括（　　）。
   A. 维护 HDFS 集群的目录树结构
   B. 维护 HDFS 集群的所有数据块的分布、副本数和负载均衡
   C. 负责保存客户端上传的数据
   D. 响应客户端的所有读写数据请求
3. 关于 HDFS 集群中的 DataNode 的描述不正确的是（　　）。
   A. DataNode 之间都是独立的，相互之间不会有通信
   B. 存储客户端上传的数据的数据块
   C. 一个 DataNode 上存储的所有数据块可以有相同的
   D. 响应客户端的所有读写数据请求，为客户端的存储和读取数据提供支撑
4. 下面哪个程序负责 HDFS 数据存储（　　）。
   A. NameNode　　　B. Jobtracker　　　C. Datanode　　　D. secondary NameNode

三、简答题

1. 什么是 HDFS？
2. Edits、FsImage 是怎么产生的？它们的作用是什么？
3. NameNode、DataNode、Secondary NameNode 的职责分别是什么？

项目 5 MapReduce 分布式编程

学习目标

1. 了解 MapReduce 工作原理及应用场景。
2. 理解 MapReduce 编程模型。
3. 掌握 MapReduce 编程方法。
4. 掌握 MapReduce 程序在 Yarn 上的运行。

思政与职业素养目标

1. 通过熟悉和理解 MapReduce 的工作原理，懂得将困难进行拆分，将大问题拆分成小问题，然后分别解决。体会分而治之的核心思想。
2. 通过理解 MapReduce 的编程规范，懂得自然人和编程一样，需要遵纪守法，约束自己的行为。
3. 通过排序案例的编程，使学生明白未来就业面临的残酷竞争，应该拥有良好的品行，努力学习。
4. 通过 MapReduce 程序优化的学习，使学生明白，做一件事情就应该全力以赴地把事情做好。

任务 1　认识 MapReduce

任务描述

通过对 MapReduce 概念的学习，让学生对 MapReduce 系统有感性的认识，为理解 MapReduce 编程思想做好准备。

相关知识

5.1.1　MapReduce 介绍

2004 年，Google 发表 MapReduce 的论文，MapReduce 主要应用于日志分析、海量数据的排序、索引计算等离线应用场景。后来道格·卡丁根据 Google 的论文开发了原始的框架并对其进行了开源。

MapReduce 是一个完成分布式计算的软件，但其也是一种分布式计算模型，更是一种编程思想。MapReduce 的编程思想在生活中处处可见，其核心是"分而治之"，适用于大量复杂的大规模数据处理场景。比如要计数图书馆中的所有书。首先分配任务，A 人员数 1 号书架，B 人员数 2 号书架。这就是"分"的阶段，工作的人员越多，数书的速度就更快。因为每个人员所数的书架是不一样的，但最后是需要对所有的书籍进行统计，所以还需要专门指派一个人员来把前面所有人员的统计结果加在一起，这也就是"合"的阶段。

从专业角度对其进行拆分，MapReduce 整体上可以分为 Map 和 Reduce 两个阶段。Map 阶段就是负责"分"的工作，即把复杂的任务分解为若干个"简单的任务"来并行处理。可以进行拆分的前提是这些小任务可以并行计算，彼此间几乎没有依赖关系。Reduce 阶段就是负责"合"的工作，即对 Map 阶段的结果进行全局汇总。这两个阶段合起来正是 MapReduce 思想的体现。

任务实现

5.1.2 Wordcount 程序体验

Hadoop 的 Wordcount 程序是 Hadoop 自带的一个示例，给出含有随机单词的的文件，统计文件中每个单词出现的次数。通过运行该示例，实现对 MapReduce 整体性的理解。

（1）切换目录到 Hadoop 的安装目录

Hadoop 安装成功后，在其安装目录的 share 文件夹下存放着所有相关的 jar 包。在 master 主节点的系统终端，输入命令 cd /home/hadoop/hadoop-2.6.0-cdh5.6.0/share/hadoop/mapreduce，进入 jar 包存放位置，如图 5-1 所示。

```
[root@slave1 ~]#
[root@slave1 ~]# cd /home/hadoop/hadoop-2.6.0-cdh5.6.0/share/hadoop/mapreduce
[root@slave1 mapreduce]#
```

图 5-1　执行目录切换命令

（2）寻找 Hadoop 中自带例子的 jar 包

在 mapreduce 目录下输入 ll 命令，寻找带有 examples 字样的 jar 包，如图 5-2 所示。

```
[root@slave1 mapreduce]# ll
total 4868
-rw-r--r-- 1 root root  523922 Jan 24 21:24 hadoop-mapreduce-client-app-2.6.0-cdh5.6.0.jar
-rw-r--r-- 1 root root  752963 Jan 24 21:24 hadoop-mapreduce-client-common-2.6.0-cdh5.6.0.jar
-rw-r--r-- 1 root root 1532738 Jan 24 21:24 hadoop-mapreduce-client-core-2.6.0-cdh5.6.0.jar
-rw-r--r-- 1 root root  168332 Jan 24 21:24 hadoop-mapreduce-client-hs-2.6.0-cdh5.6.0.jar
-rw-r--r-- 1 root root   10461 Jan 24 21:24 hadoop-mapreduce-client-hs-plugins-2.6.0-cdh5.6.0.jar
-rw-r--r-- 1 root root   43771 Jan 24 21:24 hadoop-mapreduce-client-jobclient-2.6.0-cdh5.6.0.jar
-rw-r--r-- 1 root root 1502815 Jan 24 21:24 hadoop-mapreduce-client-jobclient-2.6.0-cdh5.6.0-tests.jar
-rw-r--r-- 1 root root   91082 Jan 24 21:24 hadoop-mapreduce-client-nativetask-2.6.0-cdh5.6.0.jar
-rw-r--r-- 1 root root   50814 Jan 24 21:24 hadoop-mapreduce-client-shuffle-2.6.0-cdh5.6.0.jar
-rw-r--r-- 1 root root  276199 Jan 24 21:24 hadoop-mapreduce-examples-2.6.0-cdh5.6.0.jar
drwxr-xr-x 2 root root    4096 Jan 24 21:24 lib
drwxr-xr-x 2 root root    4096 Jan 24 21:24 lib-examples
drwxr-xr-x 2 root root    4096 Jan 24 21:24 sources
[root@slave1 mapreduce]#
```

图 5-2　/share/hadoop/mapreduce 目录下的 jar 包

从终端的输出可以看到，在 mapreduce 目录下存在名为 hadoop-mapreduce-examples-2.6.0-cdh5.6.0.jar 的 jar 包，该 jar 包即为 Hadoop 自带例子的 jar 包。

（3）查看 examples 示例 jar 包中的例子

在终端输入命令 hadoop jar ./hadoop-mapreduce-examples-2.6.0-cdh5.6.0.jar 会提示该示例 jar 包的说明，如图 5-3 所示。

```
[root@slave1 mapreduce]# hadoop jar ./hadoop-mapreduce-examples-2.6.0-cdh5.6.0.jar
An example program must be given as the first argument.
Valid program names are:
  aggregatewordcount: An Aggregate based map/reduce program that counts the words in the input files.
  aggregatewordhist: An Aggregate based map/reduce program that computes the histogram of the words in the input files.
  bbp: A map/reduce program that uses Bailey-Borwein-Plouffe to compute exact digits of Pi.
  dbcount: An example job that count the pageview counts from a database.
  distbbp: A map/reduce program that uses a BBP-type formula to compute exact bits of Pi.
  grep: A map/reduce program that counts the matches of a regex in the input.
  join: A job that effects a join over sorted, equally partitioned datasets
  multifilewc: A job that counts words from several files.
  pentomino: A map/reduce tile laying program to find solutions to pentomino problems.
  pi: A map/reduce program that estimates Pi using a quasi-Monte Carlo method.
  randomtextwriter: A map/reduce program that writes 10GB of random textual data per node.
  randomwriter: A map/reduce program that writes 10GB of random data per node.
  secondarysort: An example defining a secondary sort to the reduce.
  sort: A map/reduce program that sorts the data written by the random writer.
  sudoku: A sudoku solver.
  teragen: Generate data for the terasort
  terasort: Run the terasort
  teravalidate: Checking results of terasort
  wordcount: A map/reduce program that counts the words in the input files.
  wordmean: A map/reduce program that counts the average length of the words in the input files.
  wordmedian: A map/reduce program that counts the median length of the words in the input files.
  wordstandarddeviation: A map/reduce program that counts the standard deviation of the length of the words in the input files.
```

图 5-3　示例 jar 包的使用说明

在 hadoop-mapreduce-examples-2.6.0-cdh5.6.0.jar 中，除了 Wordcount 案例外，还有其他的例子。本任务通过 Wordcount 示例来体验一下 MapReduce 程序的运行效果。

（4）查看 Wordcount 示例程序参数

在终端输入命令 hadoop jar ./hadoop-mapreduce-examples-2.6.0-cdh5.6.0.jar wordcount，查看 Wordcount 示例程序的参数，如图 5-4 所示。

```
[root@slave1 mapreduce]# hadoop jar ./hadoop-mapreduce-examples-2.6.0-cdh5.6.0.jar wordcount
Usage: wordcount <in> [<in>...] <out>
[root@slave1 mapreduce]#
```

图 5-4　示例程序 Wordcount 使用说明

执行完命令后，程序会给出提示，说明该命令的具体用法及需要填入的参数。Wordcount 为对文本中单词进行统计的程序，命令提示中<in>为程序所需统计文件的目录，<out>为统计完成后的数据输出目录。

（5）Wordcount 示例程序数据准备

为了便于数据的统一管理，在用户目录下创建数据存储的目录，保存本章程序需要的所有数据。

① 首先创建 MrInputData 目录，在终端执行命令 mkdir /home/hadoop/MrInputData，如图 5-5 所示。

```
[root@master hadoop]#
[root@master hadoop]# mkdir /home/hadoop/MrInputData
```

图 5-5　创建本项目存放数据的目录

对每一个任务，在 MrInputData 目录下再重新建立一个目录，用来存放数据。本次任务为 MapReduce 的第一个任务，所有在 MrInputData 目录下创建 01 的子目录，执行命令 mkdir /home/hadoop/MrInputData/01，如图 5-6 所示。

```
[root@master hadoop]#
[root@master hadoop]# mkdir /home/hadoop/MrInputData/01
```

图 5-6　创建任务 1 数据存储目录

② 产生数据。Wordcount 示例是统计文档中每个单词出现的次数，本任务将人为地构造几行数据，用来测试 Wordcount 程序的执行效果。测试准备的数据如下。

```
hello world
hello hadoop
world hdfs
hadoop java
```

具体实现时，首先切换到/home/hadoop/MrInputData/01 目录下，然后利用 echo 命令产生数据。在终端输入命令 echo "hello world" >> test01.txt 将创建 test01.txt 文件，同时将 hello world 输入到该文件中。接着依次输入 echo "hello hadoop" >> test01.txt、echo "world hdfs" >> test01.txt、echo "hadoop java" >> test01.txt 将数据追加到 text01.txt 文件中。最后在终端输入 more test01.txt 命令查看准备的数据，如图 5-7 所示。

```
[root@slave1 01]# echo "hello world" >> test01.txt
[root@slave1 01]# echo "hello hadoop" >> test01.txt
[root@slave1 01]# echo "world hdfs" >> test01.txt
[root@slave1 01]# echo "hadoop java" >> test01.txt
[root@slave1 01]# more test01.txt
hello world
hello hadoop
world hdfs
hadoop java
[root@slave1 01]#
```

图 5-7　构造数据

③ 上传数据到 HDFS 文件系统。目前准备的数据还只是存储在 mater 主机的本地文件系统中，而 Wordcount 示例程序需要从 HDFS 文件系统上读取数据，因此需要在 HDFS 文件系统上创建类目录，并将准备的数据上传到 HDFS 文件系统上。

a.在任何一个能与 master 主机通信的电脑上打开浏览器，输入 http://master:50070/ 地址，查看 HDFS 文件系统，如图 5-8 所示。

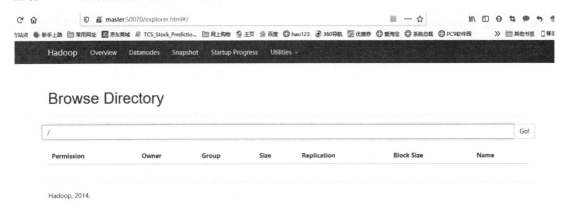

图 5-8　通过浏览器访问 HDFS 文件系统

此时的 HDFS 文件系统中没有任何文件夹和文件，类似输入 http://master:18088/访问资源调度框架 YANG 的主界面，如图 5-9 所示。

项目5　MapReduce分布式编程

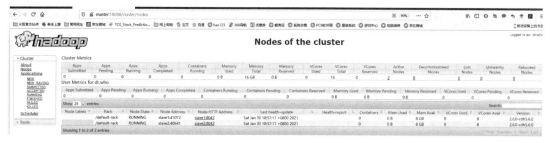

图 5-9　YANG 主界面

YANG 的主界面显示还未收到任何提交的应用。在 YANG 的节点管理页面下，能够看到 YANG 的两个 NodeManager 运行正常，如图 5-10 所示。

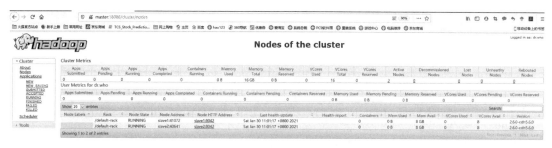

图 5-10　YANG 节点管理界面

接下来将正式在 HDFS 文件系统中创建目录，并上传任务所需要的数据。

b.在终端中输入命令 hadoop fs -mkdir /wc_input，完成在 HDFS 文件系统根目录下创建 wc_input 目录，如图 5-11 所示。

```
[root@master 01]# hadoop fs -mkdir /wc_input
```

图 5-11　在 HDFS 文件系统创建 wc_input 文件夹

c.将准备好的本地文件 test01.txt 上传到 HDFS 文件系统

在终端执行命令 hadoop fs -put ./test01.txt /wc_input，将当前目录下的 test01.txt 文件上传到 HDFS 文件系统的/wc_input 目录下，同时利用命令 hadoop fs -ls /wc_input 查看文件是否上传成功，如图 5-12 所示

```
[root@master 01]#
[root@master 01]# hadoop fs -put ./test01.txt /wc_input
21/01/27 10:55:24 WARN util.NativeCodeLoader: Unable to load native-hadoop library for your platform... using builtin-java classes w
here applicable
[root@master 01]# hadoop fs -ls /wc_input
21/01/27 10:55:42 WARN util.NativeCodeLoader: Unable to load native-hadoop library for your platform... using builtin-java classes w
here applicable
Found 1 items
-rw-r--r--   3 root supergroup         48 2021-01-27 10:55 /wc_input/test01.txt
[root@master 01]#
```

图 5-12　上传 test01.txt 文件到 HDFS 文件系统

（6）执行单词统计程序

在数据准备完成后，将执行 Wordcount 示例程序。切换到/home/hadoop/hadoop-2.6.0-cdh5.6.0/share/hadoop/mapreduce 目录下，在终端补充命令所需的参数，执行 hadoop jar ./hadoop-mapreduce-examples-2.6.0-cdh5.6.0.jar wordcount /wc_input /wc_output，命令正确执行过程中会打印相应的调试信息，如图 5-13 所示。

```
[root@master mapreduce]#
[root@master mapreduce]# hadoop jar ./hadoop-mapreduce-examples-2.6.0-cdh5.6.0.jar wordcount /wc_input /wc_output01
21/01/30 11:28:52 WARN util.NativeCodeLoader: Unable to load native-hadoop library for your platform... using builtin-java classes w
here applicable
21/01/30 11:28:53 INFO client.RMProxy: Connecting to ResourceManager at master/192.168.0.135:18040
21/01/30 11:28:55 INFO input.FileInputFormat: Total input paths to process : 1
21/01/30 11:28:55 INFO mapreduce.JobSubmitter: number of splits:1
21/01/30 11:28:55 INFO mapreduce.JobSubmitter: Submitting tokens for job: job_1611975196528_0001
21/01/30 11:28:56 INFO impl.YarnClientImpl: Submitted application application_1611975196528_0001
21/01/30 11:28:56 INFO mapreduce.Job: The url to track the job: http://master:18088/proxy/application_1611975196528_0001/
21/01/30 11:28:56 INFO mapreduce.Job: Running job: job_1611975196528_0001
21/01/30 11:29:04 INFO mapreduce.Job: Job job_1611975196528_0001 running in uber mode : false
21/01/30 11:29:04 INFO mapreduce.Job:  map 0% reduce 0%
21/01/30 11:29:12 INFO mapreduce.Job:  map 100% reduce 0%
21/01/30 11:29:18 INFO mapreduce.Job:  map 100% reduce 100%
21/01/30 11:29:19 INFO mapreduce.Job: Job job_1611975196528_0001 completed successfully
21/01/30 11:29:20 INFO mapreduce.Job: Counters: 49
```

图 5-13　执行 Wordcount 示例程序

MapReduce 程序是提交到 YANG 上运行的，所以程序会先连接 YANG 服务器，即 ResourceManager，输出的提示信息如图 5-14 所示。

```
21/01/30 11:28:53 INFO client.RMProxy: Connecting to ResourceManager at master/192.168.0.135:18040
21/01/30 11:28:55 INFO input.FileInputFormat: Total input paths to process : 1
```

图 5-14　MapReduce 程序提交到 YANG 服务器

程序执行过程中会显示执行进度。

mapreduce.Job:map 0% reduce 0%：Mapreduce 准备开始执行。

mapreduce.Job:map 100% reduce 0%：执行完了 Map 程序，即将执行 Reduce 程序。

mapreduce.Job:map 100% reduce 100%：执行完了 Reduce 程序。

mapreduce.Job:map 100% reduce 100%：整个 MapReduce 程序执行完成，接着会打印程序执行成功的信息，如图 5-15 所示。

```
21/01/27 11:01:38 INFO mapreduce.Job:  map 0% reduce 0%
21/01/27 11:01:48 INFO mapreduce.Job:  map 100% reduce 0%
21/01/27 11:01:54 INFO mapreduce.Job:  map 100% reduce 100%
21/01/27 11:01:54 INFO mapreduce.Job: Job job_1611709919914_0002 completed successfully
```

图 5-15　MapReduce 程序执行成功

程序在执行过程中会记录相应的统计信息，如图 5-16 所示。

```
21/01/27 11:01:54 INFO mapreduce.Job: Counters: 49
        File System Counters
                FILE: Number of bytes read=65
                FILE: Number of bytes written=218939
                FILE: Number of read operations=0
                FILE: Number of large read operations=0
                FILE: Number of write operations=0
                HDFS: Number of bytes read=151
                HDFS: Number of bytes written=39
                HDFS: Number of read operations=6
                HDFS: Number of large read operations=0
                HDFS: Number of write operations=2
        Job Counters
                Launched map tasks=1
                Launched reduce tasks=1
                Data-local map tasks=1
                Total time spent by all maps in occupied slots (ms)=7156
                Total time spent by all reduces in occupied slots (ms)=3512
                Total time spent by all map tasks (ms)=7156
                Total time spent by all reduce tasks (ms)=3512
                Total vcore-seconds taken by all map tasks=7156
                Total vcore-seconds taken by all reduce tasks=3512
                Total megabyte-seconds taken by all map tasks=7327744
                Total megabyte-seconds taken by all reduce tasks=3596288
        Map-Reduce Framework
                Map input records=4
                Map output records=8
                Map output bytes=80
                Map output materialized bytes=65
                Input split bytes=103
                Combine input records=8
                Combine output records=5
                Reduce input groups=5
                Reduce shuffle bytes=65
                Reduce input records=5
                Reduce output records=5
                Spilled Records=10
                Shuffled Maps =1
                Failed Shuffles=0
                Merged Map outputs=1
                GC time elapsed (ms)=502
                CPU time spent (ms)=2410
                Physical memory (bytes) snapshot=403296256
                Virtual memory (bytes) snapshot=5513449472
                Total committed heap usage (bytes)=245366784
        Shuffle Errors
                BAD_ID=0
                CONNECTION=0
                IO_ERROR=0
                WRONG_LENGTH=0
                WRONG_MAP=0
                WRONG_REDUCE=0
        File Input Format Counters
                Bytes Read=48
        File Output Format Counters
                Bytes Written=39
[root@master mapreduce]# ^C
[root@master mapreduce]#
```

图 5-16　MapReduce 程序统计信息

（7）查看单词统计结果

在终端执行命令 hadoop fs -cat /wc_output/part-r-00000，查看程序的执行结果，如图 5-17 所示。

```
[root@master mapreduce]# hadoop fs -cat /wc_output01/part-r-00000
21/01/30 11:33:30 WARN util.NativeCodeLoader: Unable to load native-hadoop library for your platform... using builtin-java classes w
here applicable
hadoop  2
hdfs    1
hello   2
java    1
world   2
[root@master mapreduce]#
```

图 5-17　查看 Wordcount 程序执行结果

程序执行结果第一列为单词本身，第二列为该单词出现的次数。对比准备的数据，知道该统计结果正确。

通过 http://mater:50070/explorer.html#/访问 HDFS 文件系统，可以看到在根目录下自动创建了 wc_output01 文件夹，如图 5-18 所示。

| drwxr-xr-x | root | supergroup | 0 B | 0 | 0 B | wc_output01 |

图 5-18　Wordcount 程序创建的保存结果的目录

在 wc_output01 目录下多了两个文件，part-r-0000 为最终的结果文件，_SUCCESS 文件为校验文件，如图 5-19 所示。

Browse Directory

/wc_output01							Go!
Permission	Owner	Group	Size	Replication	Block Size	Name	
-rw-r--r--	root	supergroup	0 B	3	128 MB	_SUCCESS	
-rw-r--r--	root	supergroup	39 B	3	128 MB	part-r-00000	

Hadoop, 2014.

图 5-19　Wordcount 程序执行结果文件

在 YANG 服务器上同样可以看到提交的服务被正确执行，如图 5-20 所示。

图 5-20　YANG 服务器中程序被正确执行的提示

任务 2　MapReduce 编程模型

任务描述

通过对 MapReduce 编程模型、工作原理的学习，让学生掌握 MapReduce 的编制规范，能够独立进行简单的编程实现。

相关知识

5.2.1　MapReduce 设计构思和框架结构

（1）设计构思

MapReduce 是一个分布式运算的编程框架，核心功能是将用户编写的业务逻辑代码和自带默认组件整合成一个完整的分布式计算程序，并发地运行在 Hadoop 集群系统上。对于框架软件系统，其表现形式是相同的，即首先需要有数据输入，然后通过单独定义的业务处理逻辑对输入的数据进行处理，最后将处理得到的结果进行输出。MapReduce 其分而治之的构思如下。

① 分而治之。对相互间不具有计算依赖关系的大数据，实现并行最自然的办法就是采取分而治之的策略。并行计算的第一个重要问题是如何划分计算任务或者计算数据以便对划分的子任务或数据块同时进行计算。不可分拆的计算任务或相互间有依赖关系的数据无法进行并行计算。

② 统一构架，隐藏系统层细节。提供统一的计算框架，如果没有统一封装底层细节，那么程序员则需要考虑诸如数据存储、划分、分发、结果收集、错误恢复等诸多细节；为此，MapReduce 设计并提供了统一的计算框架，为程序员隐藏了绝大多数系统层面的处理细节。

MapReduce 最大的亮点在于通过抽象模型和计算框架把需要做什么(what need to do)与具体怎么做(how to do)分开了，为程序员提供一个抽象和高层的编程接口和框架。程序员仅需要关心其应用层的具体计算问题，仅需编写少量处理应用本身计算问题的程序代码。如何具体完成并行计算任务所相关的诸多系统层细节被隐藏起来，交给计算框架去处理。

③ 构建抽象模型：Map 和 Reduce。MapReduce 借鉴了函数式语言中的思想，用 Map 和 Reduce 两个函数提供了高层的并行编程抽象模型。

Map：对一组数据元素进行重复式的处理。

Reduce：对 Map 的中间结果进行进一步的结果整理。

Map 和 Reduce 为程序员提供了一个清晰的操作接口抽象描述。MapReduce 处理的数据类型是键值对。

MapReduce 中定义了如下的 Map 和 Reduce 两个抽象的编程接口，由用户编程实现：

Map: (K1; V1) → [(K2; V2)]　　Reduce: (K2; [V2]) → [(K3; V3)]

（2）MapReduce 架构

Hadoop 中的 MapReduce 主要有两个版本:MRv1 和 MRv2。MRv1 包括 3 部分:MapReduce 编程模型、数据处理引擎和 MapReduce 运行环境(JobTrack 和 TaskTrack)。MapReduce 编程模型对任务抽象成 Map 和 Reduce 处理的任务。数据处理引擎负责任务运行的数据处理，包括数据分片、任务数据的输入输出。MapReduce 运行环境为程序的运行提供支持，如节点通信、任务分配和调度、资源管理等。MRvI 的弊端是 JobTrack 管理所有的任务，当任务过多时，JobTrack 的负载过重，造成系统不能正常运行。

MapReduce 架构主要包括 JobClient（客户端）、JobTracker、TaskTracker、HDFS 四个独立的部分，如图 5-21 所示。

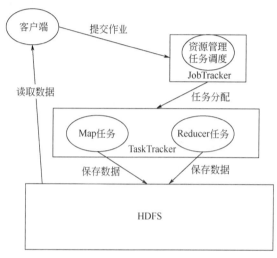

图 5-21　MapReduce 框架组成

① JobClient　配置参数 Configuration，并打包成 jar 文件存储在 HDFS 上，将文件路径提交给 JobTracker 的 master 服务，然后由 master 创建每个 task 将它们分发到各个 TaskTracker 服务中去执行。

② JobTracker　这是一个 master 服务，程序启动后，JobTracker 负责资源监控和作业调度。JobTracker 监控所有的 TaskTracker 和 Job 的健康状况，一旦发生失败，即将之转移到其他节点上，同时 JobTracker 会跟踪任务的执行进度、资源使用量等信息，并将这些信息告诉任务调度器，而调度器会在资源出现空闲时，选择合适的任务使用这些资源。在 Hadoop 中，任务调度器是一个可插拔的模块，用户可以根据自己的需要设计相应的调度器。

③ TaskTracker　运行在多个节点上的 slaver 服务。TaskTracker 主动与 JobTracker 通信接受作业，并负责直接执行每个任务。TaskTracker 会周期性地通过 Heartbeat 将本节点上资源的使用情况和任务的运行进度汇报给 JobTracker，同时接收 JobTracker 发送过来的命令并执行相应的操作（如启动新任务、杀死任务等）。TaskTracker 使用"slot"等量划分本节点上的资源量。"slot"代表计算资源（CPU、内存等）。一个 Task 获取到一个 slot 后才有机会运行，而 Hadoop 调度器的作用就是将各个 TaskTracker 上的空闲 slot 分配给 Task 使用。slot 分为 Map slot 和 Reduce slot 两种，分别供 MapTask 和 Reduce Task 使用。TaskTracker 通过 slot 数目（可配置参数）限定 Task 的并发度。Task 分为 Map Task 和 Reduce Task 两种，均由 TaskTracker 启动。HDFS 以 block 块存储数据，MapReduce 处理的最小数据单位为 split。split

如何划分由用户自由设置。

④ HDFS　保存数据和配置信息等。

5.2.2　MapReduce 编程规范

MapReduce 的开发一共有八个步骤，其中 Map 阶段分为 2 个步骤，Shuffle 阶段分为 4 个步骤，Reduce 阶段分为 2 个步骤 。

（1）Map 阶段 2 个步骤

① 设置 InputFormat 类，将数据切分为 Key-Value(K1，V1) 对，输入到第二步。

② 自定义 Map 逻辑，将第一步的结果转换成另外的 Key-Value（K2，V2）对，输出结果。

（2）Shuffle 阶段 4 个步骤

① 对输出的 Key-Value 对进行分区。

② 对不同分区的数据按照相同的 Key 排序。

③ 对分组过的数据初步规约，降低数据的网络拷贝(可选)。

④ 对数据进行分组，相同 Key 的 Value 放入一个集合中。

（3）Reduce 阶段 2 个步骤

① 对多个 Map 任务的结果进行排序以及合并，编写 Reduce 函数实现自己的逻辑，对输入的 Key-Value 对进行处理，转为新的 Key-Value（K3 和 V3）对输出。

② 设置 OutputFormat 处理并保存 Reduce 输出的 Key-Value 对数据。

5.2.3　编写自己的单词统计程序

（1）编程思路分析

根据 MapReduce 编程规范中的 8 个步骤，对 Wordcount 程序执行过程分析如下，如图 5-22 所示。

① 源文件的读取　Wordcount 只是完成分析和计算的程序，所以需要一个函数来完成原始数据的读入，此次任务采用 TextInputFormat，此函数将文件中的单词依次读入内存中，并将单词的偏移量作为索引号，每行的单词作为键值形成<K1,V1>。

② Map 阶段的处理　MapReduce 是数据分析处理的框架，但是具体业务逻辑的实现还需根据实际应用逻辑进行编写。本次任务中 Map 阶段完成的工作是对读入的每行单词按空格进行拆分，变成<K2,V2>，其中 K2 为单词本身，V2 全都为 1。

③ Shuffle 阶段　Shuffle 阶段完成分区、排序、规约、分组，最终是相同 K2 的被分到一组。

④ Reduce 阶段　Reduce 阶段为对前面统计数据的合并，也需要根据业务场景来完成具体程序的编写。本次任务中 V2 包含了特定单词出现的次数，因此只需要将 V2 里面所有的数字进行相加，就得到了特定单词总的出现次数，也即是<K3,V3>。

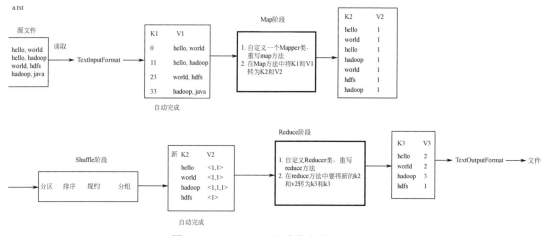

图 5-22　Wordcount 程序执行流程示意图

⑤ 结果的输出　计算的结果需要输出，本次任务将采用 TextOutputFormat 函数将处理完成的结果输出到指定的文件夹。

（2）编程过程分析

在分布式计算中，MapReduce 框架负责处理并行编程里分布式存储、工作调度、负载均衡、容错处理以及网络通信等复杂问题，把处理过程高度抽象为 Map 与 Reduce 两个部分来进行阐述，其中 Map 部分负责把任务分解成多个子任务，Reduce 部分负责把分解后多个子任务的处理结果汇总起来，具体如下。

① Map 过程需要继承 org.apache.hadoop.mapreduce 包中 Mapper 类，并重写其 Map 方法。通过在 Map 方法中添加把 Key 值和 Value 值输出到控制台的代码，可以发现 Map 方法中输入的 value 值存储的是文本文件中的一行（以回车符为行结束标记），而输入的 Key 值存储的是该行的首字母相对于文本文件的首地址的偏移量。用 line.split(" ")类将每一行拆分成为一个个的字段，把需要的字段设置为 Key，并将其作为 Map 方法的结果输出。

② Reduce 过程需要继承 org.apache.hadoop.mapreduce 包中 Reducer 类，并重写其 Reduce 方法。Map 过程输出的<Key,Value>键值对先经过 shuffle 过程把 Key 值相同的所有 Value 值聚集起来形成 Values，此时 Values 是对应 Key 字段的计数值所组成的列表，然后将<Key,Values>输入到 Reduce 方法中，Reduce 方法只要遍历 Values 并求和，即可得到某个单词的总次数。

在 main()主函数中新建一个 Job 对象，由 Job 对象负责管理和运行 MapReduce 的一个计算任务，并通过 Job 的一些方法对任务的参数进行相关设置。本任务使用继承自 Mapper 的 WordCountMapper 类完成 Map 过程中的处理，使用继承自 Reduce 的 WordCountReducer 类完成 Reduce 过程中的处理。设置 Map 过程和 Reduce 过程的输出类型：Key 的类型为 Text，Value 的类型为 LongWritable。任务的输出和输入路径则由字符串指定，并由 FileInputFormat 和 FileOutputFormat 分别设定。完成相应任务的参数设定后，即可调用 job.waitForCompletion()方法执行任务，其余的工作都交由 MapReduce 框架处理。

（3）编程具体实现

① 数据描述　为了与任务 1 进行对比，理解 MapReduce 的编程过程，本任务的数据将直接采用任务 1 的数据，如果最终的结果与示例程序一致，就能很好地验证业务逻辑的有效性。

② 任务实施

a.打开 Eclipse，新建 Java Project 项目，如图 5-23 所示。

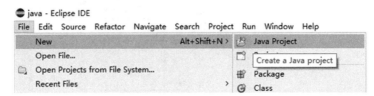

图 5-23　新建 Java Project 项目

b.项目名设置为 mapreduce1，如图 5-24 所示。

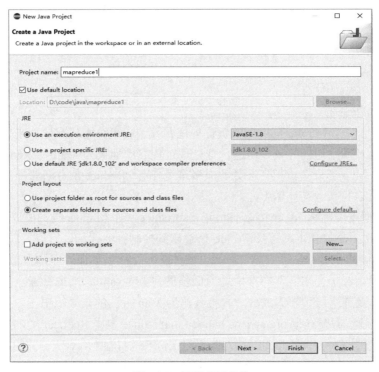

图 5-24　设置项目名称

c.在项目名 mapreduce1 下，新建 package 包，如图 5-25 所示。

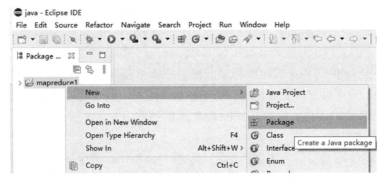

图 5-25　在 mapreduce1 项目中新建包

d.将包命名为 mapreduce，如图 5-26 所示。

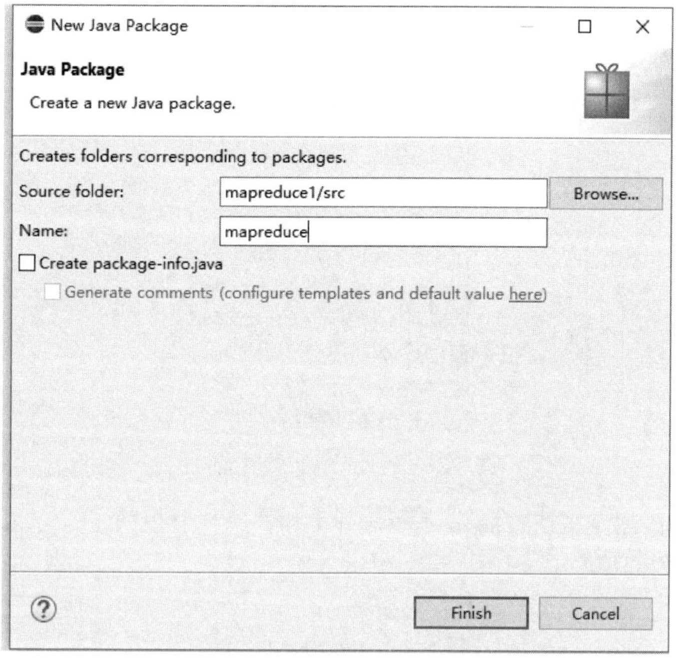

图 5-26　将包命名为 mapreduce

e.添加项目所需依赖的 jar 包。

右键单击项目名，新建一个目录 hadoop2lib，用于存放项目所需的 jar 包，如图 5-27 所示。

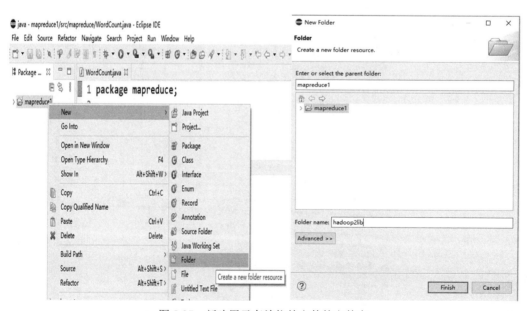

图 5-27　新建用于存放依赖文件的文件夹

将 Hadoop 安装目录的 share 子目录下的 jar 包，全部拷贝到 eclipse 中 mapreduce1 项目的 hadoop2lib 目录下，结果如图 5-28 所示。

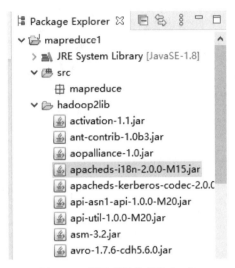

图 5-28 拷贝项目依赖的 jar 包

选中 hadoop2lib 目录下所有的 jar 包,单击右键,选择 Build Path=>Add to Build Path,将所有的 jar 包添加到依赖库中,如图 5-29 所示。

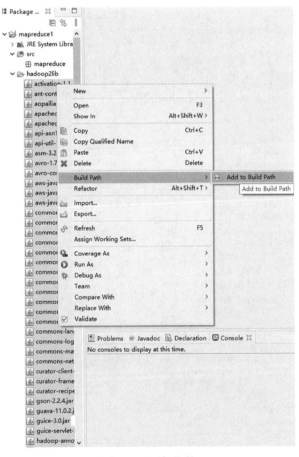

图 5-29 添加依赖

③ 项目代码 从前面的分析可以知道,整个程序代码主要包括两部分:Mapper 部分和

Reducer 部分，同时还需要一个主程序来提交整个任务。

在 mapreduce 包下建立三个类，分别命名为 JobMain、WordCountMapper、WordCountReducer，如图 5-30 所示。

JobMain 类：完成 MapReduce 程序的任务提交。

WordCountMapper 类：完成 MapReduce 任务中的 Map 功能。

WordCountReducer 类：完成 MapReduce 任务中的 Reduce 功能。

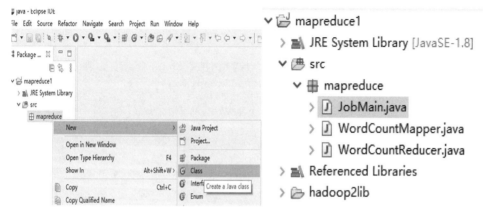

图 5-30 在项目中新建类

a.Mapper 代码

```
package mapreduce;
import org.apache.hadoop.io.LongWritable;
import org.apache.hadoop.io.Text;
import org.apache.hadoop.mapreduce.Mapper;
import java.io.IOException;
public class WordCountMapper extends Mapper<LongWritable, Text, Text, LongWritable> {
    @Override
    protected void map(LongWritable key, Text value, Context context) throws IOException, InterruptedException {
        // 1. 对每一行字符串进行拆分
        String line = value.toString();
        String[] strings = line.split(" ");
        // 2. 遍历，获取每一个单词
        for (String word: strings) {
            context.write(new Text(word), new LongWritable(1));
        }
    }
}
```

在 map 函数里有三个参数，前两个 Object key,Text value 是输入的 Key 和 Value，第三个参数 Context context 是记录输出的 Key 和 Value。此外 context 会记录 Map 运算的状态。Map 阶段采用 Hadoop 默认的输入方式，把输入的 Value 用 line.split(" ")方法对每一行的字符串进行拆分，并将拆分后得到的字段设置为 Key，同时设置 Value 为 1，然后直接输出<Key,Value>。

b.Reducer 代码

```
package mapreduce;
import org.apache.hadoop.io.LongWritable;
import org.apache.hadoop.io.Text;
import org.apache.hadoop.mapreduce.Reducer;
import java.io.IOException;
public class WordCountReducer extends Reducer<Text, LongWritable, Text, LongWritable> {
    @Override
    protected void reduce(Text key, Iterable<LongWritable> values, Context context) throws IOException, InterruptedException {
        long count = 0;
        // 1.遍历 values 集合
        for (LongWritable value : values) {
            // 2.将集合中的值相加
            count += value.get();
        }
        // 3.将 k3 和 v3 写入上下文中
        context.write(key, new LongWritable(count));
    }
}
```

Map 输出的<Key,Value>先经过 shuffle 过程把相同 Key 值的所有 Value 聚集起来形成<Key,Values>后再交给 Reduce 程序。Reduce 程序接收到<Key,Values>之后，将输入的 Key 直接复制给输出的 Key，用 for 循环遍历 Values 并求和，求和结果就是 Key 值代表的单词出现的总次，将其设置为 Value，直接输出<Key,Value>。

c.JobMain 代码

```
package mapreduce;
import org.apache.hadoop.conf.Configuration;
import org.apache.hadoop.conf.Configured;
import org.apache.hadoop.fs.Path;
import org.apache.hadoop.io.LongWritable;
import org.apache.hadoop.io.Text;
import org.apache.hadoop.mapreduce.Job;
import org.apache.hadoop.mapreduce.lib.input.TextInputFormat;
import org.apache.hadoop.mapreduce.lib.output.TextOutputFormat;
import org.apache.hadoop.util.Tool;
import org.apache.hadoop.util.ToolRunner;
public class JobMain extends Configured implements Tool {
    @Override
    public int run(String[] strings) throws Exception {
        // 创建一个任务对象
        Job job = Job.getInstance(super.getConf(), "mapreduce_wordcount");
        // 打包放在集群运行时,需要做一个配置
```

```java
        job.setJarByClass(JobMain.class);
        // 第一步：设置读取文件的类：K1 和 V1
        job.setInputFormatClass(TextInputFormat.class);
        TextInputFormat.addInputPath(job,new Path("hdfs://master:9000/wc_input"));
        // 第二步：设置 Mapper 类
        job.setMapperClass(WordCountMapper.class);
        // 设置 Map 阶段的输出类型：k2 和 v2 的类型
        job.setMapOutputKeyClass(Text.class);
        job.setMapOutputValueClass(LongWritable.class);
        // 第三、四、五、六步采用默认方式（分区，排序，规约，分组）
        // 第七步：设置 Reducer 类
        job.setReducerClass(WordCountReducer.class);
        // 设置 Reduce 阶段的输出类型
        job.setOutputKeyClass(Text.class);
        job.setOutputValueClass(LongWritable.class);
        // 第八步：设置输出类
        job.setOutputFormatClass(TextOutputFormat.class);
        // 设置输出路径
        TextOutputFormat.setOutputPath(job,new Path("hdfs://master:9000/wc_output02"));
        boolean b = job.waitForCompletion(true);
        return b?0:1;
    }
    public static void main(String[] args) throws Exception {
        Configuration configuration = new Configuration();
        // 启动一个任务
        ToolRunner.run(configuration, new JobMain(), args);
    }
}
```

JobMain 为固定的写法，主要是设置程序运行的环境。编写的 MapReduce 程序只是完成了核心的业务处理逻辑，大量的工作还需要 Hadoop 框架来完成，因此需要告知 Hadoop 框架怎么去运行业务逻辑程序，其输入输出分别是什么。

④ 程序打包　　Hadoop 上运行的都是 jar 包，因此也需要将业务逻辑程序打包成 jar 包。

a. 在项目上右键，选择 export，在弹出的对话框中选择 Java 目录下的 JAR file，如图 5-31 所示。

b. 在 jar 打包对话框中选择需要打包的源代码 src，并在导出目的对话框中选择 jar 导出后的位置和名字，如图 5-32 所示。

c. 在主类的对话框中点击 Browse，选择自己编写的 JobMain 主类，如图 5-33 所示。

d. 最后点击 Finish，将在指定的目录下产生打包后的程序。

⑤ 执行程序

a. 在 MrInputData 目录下创建 02 的文件夹，用来存放任务 2 的相关数据与文件，如图 5-34 所示。

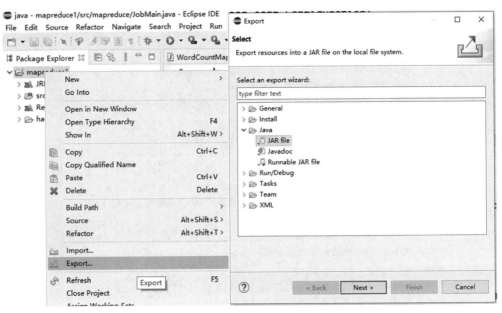

图 5-31　将程序进行打包

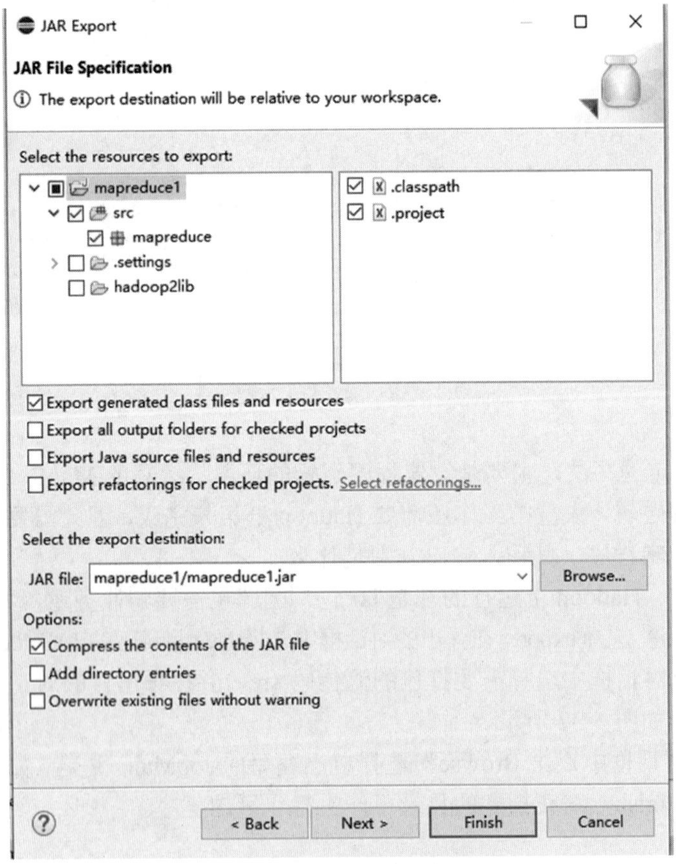

图 5-32　选择 jar 包内容及存放路径

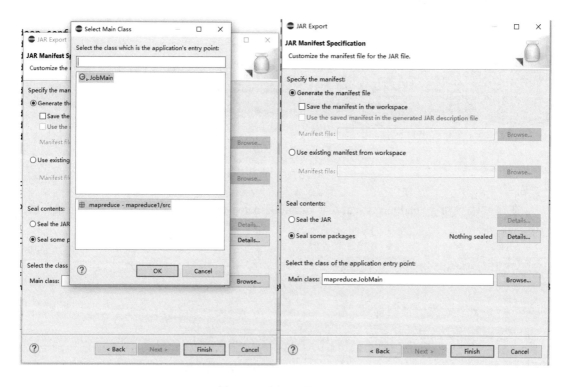

图 5-33　选择 jar 包主程序

```
[root@master MrInputData]#
[root@master MrInputData]# ll
total 4
drwxr-xr-x 2 root root 4096 Jan 27 10:32 01
[root@master MrInputData]# mkdir 02
[root@master MrInputData]# ll
total 8
drwxr-xr-x 2 root root 4096 Jan 27 10:32 01
drwxr-xr-x 2 root root 4096 Jan 27 16:17 02
[root@master MrInputData]#
```

图 5-34　创建任务 2 存放数据的文件夹

b.将打包好的 jar 包上传到 MrInputData/02 目录下，如图 5-35 所示。

```
[root@master MrInputData]# cd 02/
[root@master 02]# ll
total 8
-rw-r--r-- 1 root root 5488 Jan 27 16:13 mapreduce1.jar
[root@master 02]#
```

图 5-35　上传 jar 包到 master 主节点本地文件系统上

c.在终端输入命令 hadoop jar mapreduce1.jar mapreduce.JobMain，执行 MapReduce 程序，如图 5-36 所示。

```
[root@master 02]# hadoop jar mapreduce1.jar mapreduce.JobMain
```

图 5-36　执行 MapReduce 程序

d.执行完成后的结果如图 5-37 所示，其输出的提示信息与任务 1 意义完全相同。

```
[root@master 02]# hadoop jar mapreduce1.jar mapreduce.JobMain
21/01/30 11:43:06 WARN util.NativeCodeLoader: Unable to load native-hadoop library for your platform... using builtin-java classes w
here applicable
21/01/30 11:43:07 INFO client.RMProxy: Connecting to ResourceManager at master/192.168.0.135:18040
21/01/30 11:43:08 INFO input.FileInputFormat: Total input paths to process : 1
21/01/30 11:43:08 INFO mapreduce.JobSubmitter: number of splits:1
21/01/30 11:43:09 INFO mapreduce.JobSubmitter: Submitting tokens for job: job_1611975196528_0003
21/01/30 11:43:09 INFO impl.YarnClientImpl: Submitted application application_1611975196528_0003
21/01/30 11:43:09 INFO mapreduce.Job: The url to track the job: http://master:18088/proxy/application_1611975196528_0003/
21/01/30 11:43:09 INFO mapreduce.Job: Running job: job_1611975196528_0003
21/01/30 11:43:16 INFO mapreduce.Job: Job job_1611975196528_0003 running in uber mode : false
21/01/30 11:43:16 INFO mapreduce.Job:  map 0% reduce 0%
21/01/30 11:43:21 INFO mapreduce.Job:  map 100% reduce 0%
21/01/30 11:43:27 INFO mapreduce.Job:  map 100% reduce 100%
21/01/30 11:43:28 INFO mapreduce.Job: Job job_1611975196528_0003 completed successfully
21/01/30 11:43:29 INFO mapreduce.Job: Counters: 49
```

图 5-37　程序执行输出信息

⑥ 查看结果

a.在终端输入命令 hadoop fs -cat /wc_output02/part-r-00000，查看输出的实验结果，如图 5-38 所示。

```
[root@master 02]# hadoop fs -cat /wc_output02/part-r-00000
21/01/30 11:47:14 WARN util.NativeCodeLoader: Unable to load native-hadoop library for your platform... using builtin-java classes w
here applicable
hadoop  2
hdfs    1
hello   2
java    1
world   2
[root@master 02]#
```

图 5-38　查看程序输出结果

输出结果和任务 1 中利用系统自带的示例程序得到的结果是一样的，说明了任务 2 中编写的程序是正确的，能很好地完成既定功能。

b.在浏览器查看任务结果。程序执行过程中，会自动在 HDFS 根目录下创建 wc_output02 文件夹，wc_output02 文件夹下的 part-r-00000 为执行的结果，如图 5-39 所示。可以点击文件进行下载，其内容与在终端看到的完全一样。

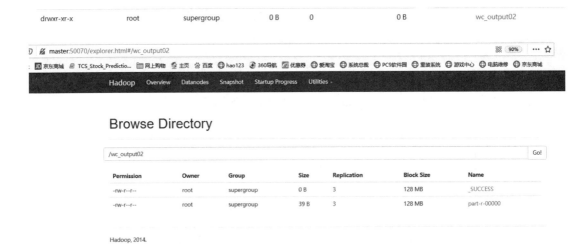

图 5-39　执行结果的浏览器查看

任务3　MapReduce 案例实战——去重

任务描述

通过 MapReduce 编程实现对数据集中重复的数据去重。

相关知识

5.3.1　数据去重思想

本任务主要是为了掌握和利用并行化思想对数据进行有意义的筛选。实际应用中，统计数据种类个数、计算网站访问等任务都会涉及数据去重。

数据去重的最终目标是让原始数据中出现次数超过一次的数据在输出文件中只出现一次。在 MapReduce 流程中，Map 的输出<Key,Value>经过 shuffle 过程聚集成<Key,Value-list>后交给 Reduce。因为同一个数据的所有记录都交给一台 Reduce 机器，因此无论这个数据出现多少次，只要在最终结果中输出一次就可以了。

实际编程时 Reduce 的输入以数据作为 Key，而对 Value-list 则没有要求（可以设置为空）。当 Reduce 接收到一个<Key,Value-list>时直接将输入的 Key 复制到输出的 Key 中，并将 Value 设置成空值，然后输出<Key,Value>。

以网页的访问日志为例，其数据去重的流程如图 5-40 所示。

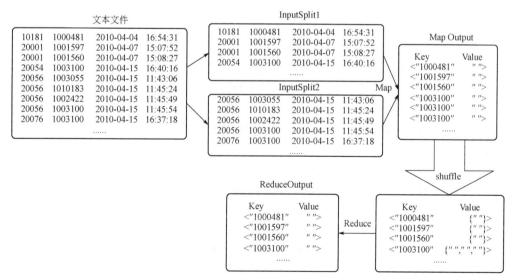

图 5-40　数据去重流程

5.3.2 MapReduce 数据去重程序编写

不同的 MapReduce 程序其编程思路和编程过程是一样的，不同的只是业务逻辑不同。后面的任务不再对编程思路与编程过程进行赘述，直接描述编程的具体实现。

（1）数据描述

现以电商数据作为实验对象，数据记录了用户收藏的商品以及收藏的日期，如下所示。

用户 id	商品 id	收藏日期	
10181	1000481	2010-04-04	16:54:31
20001	1001597	2010-04-07	15:07:52
20001	1001560	2010-04-07	15:08:27
20042	1001368	2010-04-08	08:20:30
20067	1002061	2010-04-08	16:45:33
20056	1003289	2010-04-12	10:50:55
20056	1003290	2010-04-12	11:57:35
20056	1003292	2010-04-12	12:05:29
20054	1002420	2010-04-14	15:24:12
20055	1001679	2010-04-14	19:46:04
20054	1010675	2010-04-14	15:23:53
20054	1002429	2010-04-14	17:52:45
20076	1002427	2010-04-14	19:35:39
20054	1003326	2010-04-20	12:54:44
20056	1002420	2010-04-15	11:24:49
20064	1002422	2010-04-15	11:35:54
20056	1003066	2010-04-15	11:43:01
20056	1003055	2010-04-15	11:43:06
20056	1010183	2010-04-15	11:45:24
20056	1002422	2010-04-15	11:45:49
20056	1003100	2010-04-15	11:45:54
20056	1003094	2010-04-15	11:45:57
20056	1003064	2010-04-15	11:46:04
20056	1010178	2010-04-15	16:15:20
20076	1003101	2010-04-15	16:37:27
20076	1003103	2010-04-15	16:37:05
20076	1003100	2010-04-15	16:37:18
20076	1003066	2010-04-15	16:37:31
20054	1003103	2010-04-15	16:40:14
20054	1003100	2010-04-15	16:40:16

用 Java 编写 MapReduce 程序，根据商品 id 进行去重，统计哪些商品被用户收藏。统计

结果如下

商品 id
1000481
1001368
1001560
1001597
1001679
1002061
1002420
1002422
1002427
1002429
1003055
1003064
1003066
1003094
1003100
1003101
1003103
1003289
1003290
1003292
1003326
1010178
1010183
1010675

（2）任务实施

任务实施中如何建立项目，如何导入项目依赖已经在任务 2 中进行了详细的讲解，因此后面不再赘述，创建完成后的目录结构如图 5-41 所示。

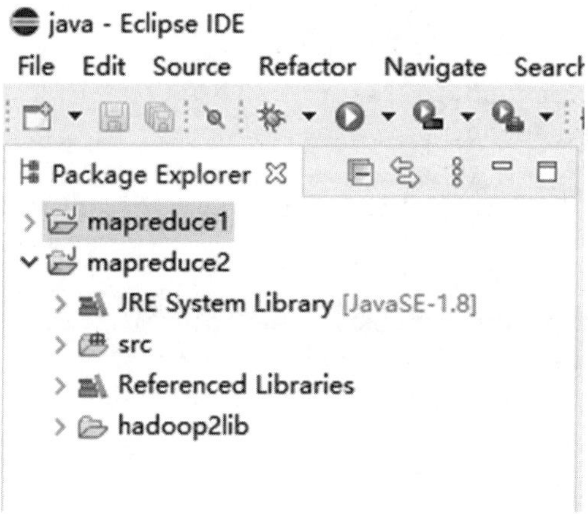

图 5-41　任务 2 项目目录结构

本任务中将定义 FilterMapper 和 FilterReducer 函数，FilterMapper 继承自 Mapper 类，完成数据去重任务中的 Map 阶段；FilterReducer 继承自 Reducer 类，完成数据去重任务中的 Reduce 阶段。

（3）项目代码

整个程序代码主要包括两部分：Mapper 部分和 Reducer 部分。

① Map 代码

```java
package mapreduce;
import org.apache.hadoop.io.NullWritable;
import org.apache.hadoop.io.Text;
import org.apache.hadoop.mapreduce.Mapper;
import java.io.IOException;
public class FilterMapper extends Mapper<Object, Text, Text, NullWritable> {
    private static Text newKey=new Text();
    @Override
    protected void map(Object key, Text value, Context context) throws IOException, InterruptedException {
        // 1. 对每一行字符串进行拆分
        String line = value.toString();
        String arr[]=line.split(" ");
        //用户id        商品id        收藏日期
        //原始数据格式 10181    1000481    2010-04-04 16:54:31
        // 2. 拆分后数组中的第二个值即是商品ID，所以只需要取出该值即可
        newKey.set(arr[1]);
        context.write(newKey, NullWritable.get());
    }
}
```

Map 阶段采用 Hadoop 默认的输入方式，把输入的 Value 用 split()方法截取，截取出的商品 id 字段设置为 Key，Value 设置为空，然后直接输出<Key,Value>。

② Reduce 端代码

```java
package mapreduce;
import org.apache.hadoop.io.NullWritable;
import org.apache.hadoop.io.Text;
import org.apache.hadoop.mapreduce.Reducer;
import java.io.IOException;
public class FilterReducer extends Reducer<Text, NullWritable, Text, NullWritable> {
    @Override
    protected void reduce(Text key, Iterable<NullWritable> values, Context context) throws IOException, InterruptedException {
        context.write(key, NullWritable.get());
    }
}
```

Map 输出的<Key,Value>键值对经过 shuffle 过程，形成<Key,Value-list>后，交给 Reduce 函数。不管每个 Key 有多少个 Value，Reduce 函数直接将输入的值赋值给输出的 Key，将输出的 Value 设置为空，然后输出<Key,Value>就可以了。

③ JobMain 代码

```java
package mapreduce;
import org.apache.hadoop.conf.Configuration;
import org.apache.hadoop.conf.Configured;
import org.apache.hadoop.fs.Path;
import org.apache.hadoop.io.NullWritable;
import org.apache.hadoop.io.Text;
import org.apache.hadoop.mapreduce.Job;
import org.apache.hadoop.mapreduce.lib.input.TextInputFormat;
import org.apache.hadoop.mapreduce.lib.output.TextOutputFormat;
import org.apache.hadoop.util.Tool;
import org.apache.hadoop.util.ToolRunner;
public class JobMain extends Configured implements Tool {
    @Override
    public int run(String[] strings) throws Exception {
        // 创建一个任务对象
        Job job = Job.getInstance(super.getConf(), "mapreduce_filter");
        // 打包放在集群运行时，需要做一个配置
        job.setJarByClass(JobMain.class);
        // 第一步：设置读取文件的类：K1 和 V1
        job.setInputFormatClass(TextInputFormat.class);
        TextInputFormat.addInputPath(job,new
 Path("hdfs://master:9000/filter_input"));
        // 第二步：设置 Mapper 类
        job.setMapperClass(FilterMapper.class);
        // 设置 Map 阶段的输出类型：k2 和 v2 的类型
        job.setMapOutputKeyClass(Text.class);
        job.setMapOutputValueClass(NullWritable.class);
        // 第三、四、五、六步采用默认方式（分区，排序，规约，分组）
        // 第七步：设置 Reducer 类
        job.setReducerClass(FilterReducer.class);
        // 设置 Reduce 阶段的输出类型
        job.setOutputKeyClass(Text.class);
        job.setOutputValueClass(NullWritable.class);
        // 第八步：设置输出类
        job.setOutputFormatClass(TextOutputFormat.class);
        // 设置输出路径
        TextOutputFormat.setOutputPath(job,new
 Path("hdfs://master:9000/filter_output"));
        boolean b = job.waitForCompletion(true);
        return b?0:1;
    }
    public static void main(String[] args) throws Exception {
```

```
        Configuration configuration = new Configuration();
        // 启动一个任务
        ToolRunner.run(configuration, new JobMain(), args);
    }
}
```

(4) 程序打包

Hadoop 上运行的都是 jar 包，因此也需要将业务逻辑程序打包成 jar 包，具体的打包过程和任务 2 操作相同，可直接参考任务 2，打包完成后的结果如图 5-42 所示。

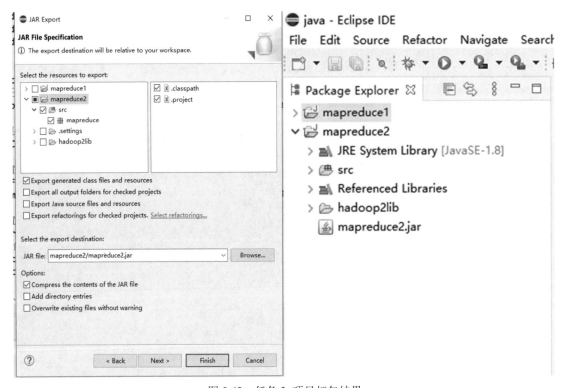

图 5-42　任务 3 项目打包结果

(5) 执行程序

① 在 MrInputData 目录下创建 03 的文件夹，用来存放任务 3 的相关数据与文件，在终端输入命令 mkdir 03，如图 5-43 所示。

```
[root@master MrInputData]# mkdir 03
[root@master MrInputData]# ll
total 20
drwxr-xr-x 2 root root 4096 Jan 27 10:32 01
drwxr-xr-x 2 root root 4096 Jan 27 16:29 02
drwxr-xr-x 2 root root 4096 Jan 27 19:52 03
```

图 5-43　任务 3 存放数据的文件夹

② 将任务 3 需要的数据和打包好的程序 jar 包上传到 master 主机的本地文件夹 MrInputData/03 目录下，如图 5-44 所示。

```
[root@master MrInputData]# cd 03/
[root@master 03]# ll
total 12
-rw-r--r-- 1 root root 1135 Jan 27 19:42 03filter.txt
-rw-r--r-- 1 root root 5209 Jan 27 19:49 mapreduce2.jar
[root@master 03]#
```

图 5-44　任务 3 程序及数据

③ 在终端输入命令：hadoop fs -mkdir /filter_input，完成 HDFS 文件系统根目录下 filter_input 目录的创建，如图 5-45 所示。

```
[root@master 03]# hadoop fs -mkdir /filter_input
21/01/27 19:56:25 WARN util.NativeCodeLoader: Unable to load native-hadoop library for your platform... using builtin-java classes w
here applicable
[root@master 03]#
```

图 5-45　创建任务 3 数据输入的文件夹

创建完成后在浏览器中输入 http://master:50070/，通过网页访问的形式可以查看创建的目录，如图 5-46 所示。

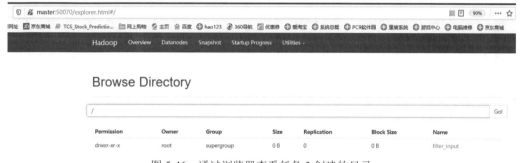

图 5-46　通过浏览器查看任务 3 创建的目录

④ 将准备好的本地文件 03filter.txt 上传到 HDFS 文件系统

在终端执行命令：hadoop fs -put ./03filter.txt /filter_input，完成任务 3 所需数据的上传，如图 5-47 所示。

```
[root@master 03]# hadoop fs -put ./03filter.txt /filter_input
21/01/27 20:00:23 WARN util.NativeCodeLoader: Unable to load native-hadoop library for your platform... using builtin-java classes w
here applicable
```

图 5-47　上传任务 3 所需文件

在浏览器中单击创建的 filer_input 文件夹，可以查看上传的数据文件，如图 5-48 所示。

图 5-48　任务 3 所需的数据文件

⑤ 在终端输入命令：hadoop jar mapreduce2.jar mapreduce.JobMain，执行程序，执行完成后的结果如图 5-49 所示，其提示的打印信息与任务 1 意义完全相同。

```
[root@master 03]# hadoop jar mapreduce2.jar mapreduce.JobMain
21/01/30 11:56:55 WARN util.NativeCodeLoader: Unable to load native-hadoop library for your platform... using builtin-java classes w
here applicable
21/01/30 11:56:55 INFO client.RMProxy: Connecting to ResourceManager at master/192.168.0.135:18040
21/01/30 11:56:56 INFO input.FileInputFormat: Total input paths to process : 1
21/01/30 11:56:56 INFO mapreduce.JobSubmitter: number of splits:1
21/01/30 11:56:57 INFO mapreduce.JobSubmitter: Submitting tokens for job: job_1611975196528_0004
21/01/30 11:56:57 INFO impl.YarnClientImpl: Submitted application application_1611975196528_0004
21/01/30 11:56:57 INFO mapreduce.Job: The url to track the job: http://master:18088/proxy/application_1611975196528_0004/
21/01/30 11:56:57 INFO mapreduce.Job: Running job: job_1611975196528_0004
21/01/30 11:57:04 INFO mapreduce.Job: Job job_1611975196528_0004 running in uber mode : false
21/01/30 11:57:04 INFO mapreduce.Job:  map 0% reduce 0%
21/01/30 11:57:11 INFO mapreduce.Job:  map 100% reduce 0%
21/01/30 11:57:17 INFO mapreduce.Job:  map 100% reduce 100%
21/01/30 11:57:17 INFO mapreduce.Job: Job job_1611975196528_0004 completed successfully
21/01/30 11:57:17 INFO mapreduce.Job: Counters: 49
```

图 5-49　任务 3 程序执行提示信息

（6）查看结果

① 在终端使用命令 hadoop fs -cat /filter_output/part-r-00000，查看输出的实验结果，如图 5-50 所示。

```
[root@master 03]# hadoop fs -cat /filter_output/part-r-00000
21/01/30 11:57:56 WARN util.NativeCodeLoader: Unable to load native-hadoop library for your platform... using builtin-java classes w
here applicable
1000481
1001368
1001560
1001597
1001679
1002061
1002420
1002422
1002427
1002429
1003055
1003064
1003066
1003094
1003100
1003101
1003103
1003289
1003290
1003292
1003326
1010178
1010183
1010675
[root@master 03]#
```

图 5-50　终端命令查看任务 3 执行结果

试验结果和预想的结果是一样的，说明了程序的正确性。

② 在浏览器查看任务结果。HDFS 文件系统根目录下多了 filter_output 文件夹，filter_output 文件夹下的 part-r-00000 为执行的结果，单击下载该文件，查看其内容，如图 5-51 所示。与利用终端看到的完全一样。

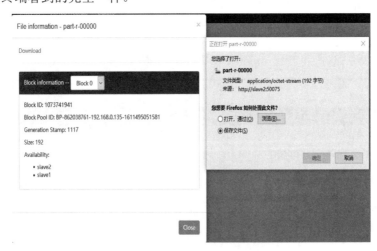

图 5-51　网页下载任务 3 执行结果

选择 txt 应用程序，打开下载的文件，其内容如图 5-52 所示，可知结果正确。

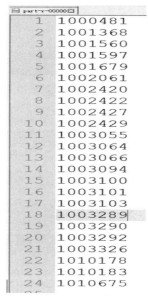

图 5-52　txt 应用程序查看任务 3 结果

任务 4　MapReduce 案例实战——排序

通过 MapReduce 编程实现对数据集中按关键字的排序。

相关知识

5.4.1　MapReduce 数据排序

前面介绍了 MapReduce 的基本框架和作业流程，其主要是由 Map 和 Reduce 两个阶段来实现计算，MapReduce 的工作原理如图 5-53 所示。

MapReduce 编程模型开发简单且功能强大，专门为并行处理大数据而设计，从图 5-53 可看出 MapReduce 的工作流程大致可以分为 5 步，具体包括：

① 输入分片、格式化；
② 执行 MapTask；
③ 执行 Shuffle；
④ 执行 ReduceTask；
⑤ 写入文件。

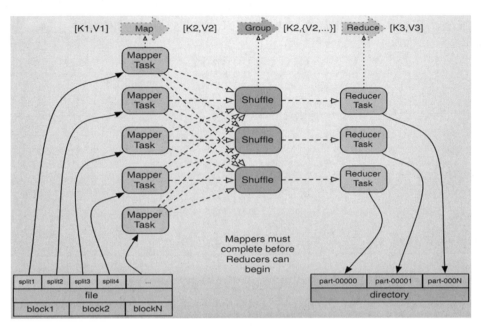

图 5-53 MapReduce 详细工作流程

Map 和 Reduce 阶段的具体业务逻辑根据不同场景,其代码不同。执行 MapTask 和 ReduceTas 来调用用户自定义业务逻辑属于框架本身的内容,这里不做过多分析。

5.4.2 Shuffle 工作原理

Map 方法之后、Reduce 方法之前的数据处理过程称之为 Shuffle。MapReduce 中,Map 阶段处理的数据传递给 Reduce 阶段是 MapReduce 框架中最关键的一个流程,这个流程就叫 Shuffle。Shuffle 意思是洗牌、发牌(核心机制:数据分区、排序、缓存),也就是将 MapTask 输出的处理结果数据分发给 ReduceTask,并在分发的过程中,对数据按 key 进行了分区和排序。Shuffle 的工作原理如图 5-54 所示。

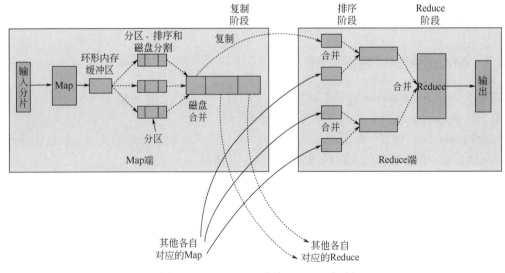

图 5-54 MapReduce 框架 Shuffle 机制

Map 阶段和 Reduce 阶段都涉及了 Shuffle 机制，其各阶段的 Shuffle 原理如下。

（1）Map 阶段的 Shuffle 原理

① 每个输入分片会让一个 map 任务来处理，默认情况下，以 HDFS 的一个块的大小（默认为 64MB）作为一个分片，当然也可以设置块的大小。Map 输出的结果会暂且放在一个环形内存缓冲区中（该缓冲区的大小默认为 100MB，由 io.sort.mb 属性控制），当该缓冲区快要溢出时，会在本地文件系统中创建一个溢出文件，将该缓冲区中的数据写入这个文件。

② 在写入磁盘之前，线程首先根据 Reduce 任务的数目将数据划分为相同数目的分区，也就是一个 Reduce 任务对应一个分区的数据。这样避免有些 Reduce 任务分配到大量数据，而有些 Reduce 任务却分到很少数据，甚至没有分到数据。然后对每个分区中的数据进行排序，如果此时设置了 Combiner，将排序后的结果进行合并操作，让尽可能少的数据写入到磁盘。

③ 当 Map 任务输出最后一个记录时，可能会有很多的溢出文件，这时需要将这些文件合并。合并的过程中会不断地进行排序，一是尽量减少每次写入磁盘的数据量；二是减少下一复制阶段网络传输的数据量。最后合并成一个已分区且已排序的文件。为了减少网络传输的数据量，这里可以将数据压缩，只要将 mapred.compress.map.out 设置为 true 就可以了。

④ 将分区中的数据拷贝给相对应的 Reduce 任务。

（2）Reduce 阶段的 Shuffle 原理

① Reduce 会接收到不同 Map 任务传来的数据，并且每个 Map 传来的数据都是有序的。如果 Reduce 端接受的数据量相当小，则直接存储在内存中（缓冲区大小由 mapred.job.shuffle.input.buffer.percent 属性控制，表示用作此用途的堆空间的百分比），如果数据量超过了该缓冲区大小的一定比例（由 mapred.job.shuffle.merge.percent 决定），则对数据合并后溢写到磁盘中。

② 随着溢写文件的增多，后台线程会将它们合并成一个更大的有序的文件，这样做是为了给后面的合并节省时间。不管在 Map 端还是 Reduce 端，MapReduce 都是反复地执行排序，合并操作。

③ 合并的过程中会产生许多的中间文件，但 MapReduce 会让写入磁盘的数据尽可能地少，并且最后一次合并的结果并没有写入磁盘，而是直接输入到 reduce 函数。

 任务实现

排序是 MapReduce 的天然特性。在数据达到 Reduce 之前，MapReduce 框架已经对这些数据按键排序了。在使用之前，首先需要了解它的默认排序规则。MapReduce 是按照 Key 值进行排序的，如果 Key 中封装的 int 为 IntWritable 类型，那么 MapReduce 按照数字大小对 Key 排序，如果 Key 为封装 String 的 Text 类型，那么 MapReduce 将按照数据字典顺序对字符排序。

了解了这个细节，就知道应该使用封装 int 的 IntWritable 型数据结构，也就是在 Map 阶段，将读入的数据中要排序的字段转化为 IntWritable 型，然后作为 Key 值输出（不排序的字段作为 value）。Reduce 阶段拿到<Key，Value-list>之后，将输入的 Key 作为输出的 Key，并根据 Value-list 中的元素的个数决定输出的次数。

（1）数据描述

在电商网站上，当进入某电商页面里浏览商品时，就会产生用户对商品访问情况的数据，包含商品 id，点击次数两个字段，具体格式如下：

商品 id	点击次数
1010037	100
1010102	100
1010152	97
1010178	96
1010280	104
1010320	103
1010510	104
1010603	96
1010637	97

编写 MapReduce 程序来对商品点击次数从低到高进行排序，最终结果如下所示。

点击次数	商品 ID
96	1010603
96	1010178
97	1010637
97	1010152
100	1010102
100	1010037
103	1010320
104	1010510
104	1010280

（2）任务实施

任务实施中如何建立项目，如何导入项目依赖已经在任务 2 中进行了详细的讲解，创建完成后的目录结构如图 5-55 所示。

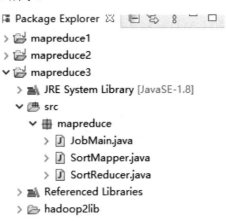

图 5-55　任务 4 文件目录结构

（3）项目代码

① Map 代码

```java
package mapreduce;
import org.apache.hadoop.io.IntWritable;
import org.apache.hadoop.io.Text;
import org.apache.hadoop.mapreduce.Mapper;
import java.io.IOException;
public class SortMapper extends Mapper<Object, Text, IntWritable, Text> {
    private static Text goodsId=new Text();
    private static IntWritable ClickNum=new IntWritable();
    @Override
    protected void map(Object key, Text value, Context context) throws IOException, InterruptedException {
        // 1. 对每一行字符串进行拆分
        String line = value.toString();
        String arr[]=line.split(" ");
        //商品id    点击次数
        //1010037   100
        //arr[0]    arr[1]
        // 2. 拆分后数组中的第二个值即是点击次数，Shuffle 的默认排序是通过 key 值来实现的
        //因此将 arr[1] 放到 map 输出的 key 位置上
        ClickNum.set(Integer.parseInt(arr[1]));
        goodsId.set(arr[0]);
        context.write(ClickNum,goodsId);
    }
}
```

在 Map 端采用 Hadoop 默认的输入方式之后，将输入的 Value 值用 split()方法截取，把要排序的点击次数字段转化为 IntWritable 类型并设置为 Key，商品 id 字段设置为 Value，然后直接输出<Key,Value>。Map 输出的<Key,Value>先要经过 Shuffle 过程把相同 Key 值的所有 Value 聚集起来形成<Key,Value-list>后交给 Reduce 端。

② Reduce 部分代码

```java
package mapreduce;
import org.apache.hadoop.io.IntWritable;
import org.apache.hadoop.io.Text;
import org.apache.hadoop.mapreduce.Reducer;
import java.io.IOException;
public class SortReducer extends Reducer<IntWritable, Text, IntWritable, Text> {
    @Override
    protected void reduce(IntWritable key, Iterable<Text> values, Context context) throws IOException, InterruptedException {
        //在 reduce 收到的是已经按点击次数（key）完成排序的
```

```
            //但是可能存在相同点击次数的情况,相同点击次数的商品id都存在values中
            //因此循环将values中的商品id取出来,每取一次都同时输出该商品id的点击次数
            for(Text val:values){
                context.write(key, val);
            }

        }
    }
```

Reduce 端接收到<Key,Value-list>之后,将输入的 Key 直接复制给输出的 Key,用 for 循环遍历 Value-list 并将里面的元素设置为输出的 Value,然后将<Key,Value>逐一输出,根据 Value-list 中元素的个数决定输出的次数。

③ JobMain 代码

```
    package mapreduce;
    import org.apache.hadoop.conf.Configuration;
    import org.apache.hadoop.conf.Configured;
    import org.apache.hadoop.fs.Path;
    import org.apache.hadoop.io.IntWritable;
    import org.apache.hadoop.io.Text;
    import org.apache.hadoop.mapreduce.Job;
    import org.apache.hadoop.mapreduce.lib.input.TextInputFormat;
    import org.apache.hadoop.mapreduce.lib.output.TextOutputFormat;
    import org.apache.hadoop.util.Tool;
    import org.apache.hadoop.util.ToolRunner;
    public class JobMain extends Configured implements Tool {
        @Override
        public int run(String[] strings) throws Exception {
            // 创建一个任务对象
            Job job = Job.getInstance(super.getConf(), "mapreduce_sort");
            // 打包放在集群运行时,需要做一个配置
            job.setJarByClass(JobMain.class);
            // 第一步:设置读取文件的类:K1 和 V1
            job.setInputFormatClass(TextInputFormat.class);
            TextInputFormat.addInputPath(job,new
Path("hdfs://master:9000/sort_input"));
            // 第二步:设置 Mapper 类
            job.setMapperClass(SortMapper.class);
            // 设置 Map 阶段的输出类型: k2 和 v2 的类型
            job.setMapOutputKeyClass(IntWritable.class);
            job.setMapOutputValueClass(Text.class);
            // 第三、四、五、六步采用默认方式(分区,排序,规约,分组)
            // 第七步:设置 Reducer 类
            job.setReducerClass(SortReducer.class);
            // 设置 Reduce 阶段的输出类型
```

```
            job.setOutputKeyClass(IntWritable.class);
            job.setOutputValueClass(Text.class);
            // 第八步：设置输出类
            job.setOutputFormatClass(TextOutputFormat.class);
            // 设置输出路径
            TextOutputFormat.setOutputPath(job,new 
Path("hdfs://master:9000/sort_output"));
            boolean b = job.waitForCompletion(true);
            return b?0:1;
        }
        public static void main(String[] args) throws Exception {
            Configuration configuration = new Configuration();
            // 启动一个任务
            ToolRunner.run(configuration, new JobMain(), args);
        }
    }
```

（4）程序打包

Hadoop 上运行的都是 jar 包，因此也需要将业务逻辑程序打包成 jar 包，如图 5-56 所示。

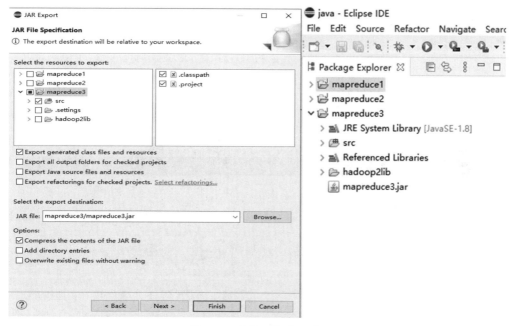

图 5-56　任务 4 生成 jar 包

（5）执行程序

① 在 MrInputData 目录下创建 04 的文件夹，用来存放任务 4 的相关数据与文件，如图 5-57 所示。

② 将数据和打包好的程序 jar 包上传到 master 本地文件系统 MrInputData/04 目录下，如图 5-58 所示。

```
[root@master MrInputData]# ll
total 12
drwxr-xr-x 2 root root 4096 Jan 27 10:32 01
drwxr-xr-x 2 root root 4096 Jan 27 16:29 02
drwxr-xr-x 2 root root 4096 Jan 27 19:52 03
[root@master MrInputData]# mkdir 04
[root@master MrInputData]# ll
total 16
drwxr-xr-x 2 root root 4096 Jan 27 10:32 01
drwxr-xr-x 2 root root 4096 Jan 27 16:29 02
drwxr-xr-x 2 root root 4096 Jan 27 19:52 03
drwxr-xr-x 2 root root 4096 Jan 27 21:49 04
[root@master MrInputData]#
```

图 5-57　创建任务 4 所需文件夹

```
[root@master MrInputData]# cd 04/
[root@master 04]# ll
total 12
-rw-r--r-- 1 root root  103 Jan 27 21:51 04sort.txt
-rw-r--r-- 1 root root 5397 Jan 27 21:48 mapreduce3.jar
[root@master 04]#
```

图 5-58　上传任务 4 所需文件到 master 本地文件系统

③ 在终端执行命令：hadoop fs -mkdir /sort_input，创建 sort_input 目录，如图 5-59 所示。

```
[root@master 04]# hadoop fs -ls /
21/01/30 14:38:52 WARN util.NativeCodeLoader: Unable to load native-hadoop library for your platform... using builtin-java classes where applicable
Found 6 items
drwxr-xr-x   - root supergroup          0 2021-01-27 20:00 /filter_input
drwxr-xr-x   - root supergroup          0 2021-01-30 11:57 /filter_output
drwx------   - root supergroup          0 2021-01-27 11:00 /tmp
drwxr-xr-x   - root supergroup          0 2021-01-27 10:55 /wc_input
drwxr-xr-x   - root supergroup          0 2021-01-30 11:29 /wc_output01
drwxr-xr-x   - root supergroup          0 2021-01-30 11:43 /wc_output02
[root@master 04]# hadoop fs -mkdir /sort_input
21/01/30 14:39:04 WARN util.NativeCodeLoader: Unable to load native-hadoop library for your platform... using builtin-java classes where applicable
```

图 5-59　在 hdfs 文件系统上创建任务 4 所需文件夹

命令执行完成后，在浏览器输入 http://master:50070，通过网页访问的形式查看目录创建成功，如图 5-60 所示。

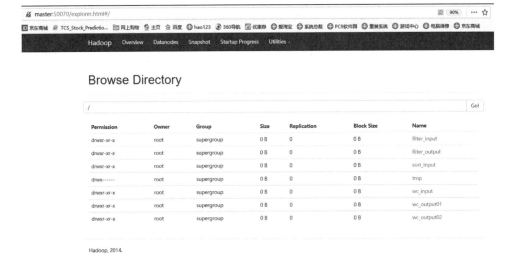

图 5-60　任务 4 sort_input 目录创建成功

④ 在终端执行命令：hadoop fs -put ./04sort.txt /sort_input，将准备好的本地文件 04sort.txt 上传到 HDFS 文件系统，如图 5-61 所示。

```
[root@master 04]# hadoop fs -put  ./04sort.txt  /sort_input
21/01/30 14:40:58 WARN util.NativeCodeLoader: Unable to load native-hadoop library for your platform... using builtin-java classes w
here applicable
[root@master 04]# hadoop fs -ls /sort_input
21/01/30 14:41:22 WARN util.NativeCodeLoader: Unable to load native-hadoop library for your platform... using builtin-java classes w
here applicable
Found 1 items
-rw-r--r--   3 root supergroup        103 2021-01-30 14:40 /sort_input/04sort.txt
[root@master 04]#
```

图 5-61　上传任务 4 所需文件到 hdfs 文件系统

⑤ 在终端输入命令：hadoop jar mapreduce3.jar mapreduce.JobMain，执行 MaPreduce 程序。执行完成后的结果如图 5-62 所示，其提示的打印信息与任务 1 意义完全相同。

```
[root@master 04]# hadoop  jar  mapreduce3.jar  mapreduce.JobMain
21/01/30 14:43:26 WARN util.NativeCodeLoader: Unable to load native-hadoop library for your platform... using builtin-java classes w
here applicable
21/01/30 14:43:27 INFO client.RMProxy: Connecting to ResourceManager at master/192.168.0.135:18040
21/01/30 14:43:28 INFO input.FileInputFormat: Total input paths to process : 1
21/01/30 14:43:29 INFO mapreduce.JobSubmitter: number of splits:1
21/01/30 14:43:29 INFO mapreduce.JobSubmitter: Submitting tokens for job: job_1611975196528_0005
21/01/30 14:43:29 INFO impl.YarnClientImpl: Submitted application application_1611975196528_0005
21/01/30 14:43:29 INFO mapreduce.Job: The url to track the job: http://master:18088/proxy/application_1611975196528_0005/
21/01/30 14:43:29 INFO mapreduce.Job: Running job: job_1611975196528_0005
21/01/30 14:43:35 INFO mapreduce.Job: Job job_1611975196528_0005 running in uber mode : false
21/01/30 14:43:35 INFO mapreduce.Job:  map 0% reduce 0%
21/01/30 14:43:41 INFO mapreduce.Job:  map 100% reduce 0%
21/01/30 14:43:48 INFO mapreduce.Job:  map 100% reduce 100%
21/01/30 14:43:48 INFO mapreduce.Job: Job job_1611975196528_0005 completed successfully
21/01/30 14:43:48 INFO mapreduce.Job: Counters: 49
```

图 5-62　任务 4 程序执行结果

（6）查看结果

在终端使用命令 hadoop fs-cat /sort_output/part-r-00000，查看输出的实验结果，如图 5-63 所示。

```
[root@master 04]# hadoop  fs  -cat  /sort_output/part-r-00000
21/01/30 14:44:18 WARN util.NativeCodeLoader: Unable to load native-hadoop library for your platform... using builtin-java classes w
here applicable
96      1010603
96      1010178
97      1010637
97      1010152
100     1010102
100     1010037
103     1010320
104     1010510
104     1010280
[root@master 04]#
```

图 5-63　任务 4 执行结果

试验结果和预想的结果是一样的，说明了程序的正确性。

任务 5　MapReduce 案例实战——Map 端 join

任务描述

通过 MapReduce 编程实现对 Map 端 join 操作。

相关知识

MapReduce 提供了表连接操作，其中包括 Map 端 join、Reduce 端 join 和单表连接，本任务讨论的是 Map 端的 join 操作。Map 端 join 是指数据到达 Map 处理函数之前进行合并，效率要远远高于 Reduce 端 join，因为 Reduce 端 join 是把所有的数据都经过 Shuffle，这种方式比较消耗资源，生成机器运行速度慢等问题。

5.5.1 Map 端 join 的使用场景

Map 端 join 的使用场景为一张表数据十分小、另一张表数据很大的情况。

Map 端 join 是针对以上场景进行的优化：将小表中的数据全部加载到内存，按关键字建立索引。大表中的数据作为 Map 的输入，对 Map()函数每一对<Key,Value>输入都能够方便地和已加载到内存的小数据进行连接。把连接结果按 Key 输出，经过 Shuffle 阶段，Reduce 端得到的就是已经按 Key 分组并且连接好了的数据。

为了支持文件的复制，Hadoop 提供了一个类 DistributedCache，使用该类的方法如下。

① 用户使用静态方法 DistributedCache.addCacheFile()指定要复制的文件，它的参数是文件的 URI。JobTracker 在作业启动之前会获取这个 URI 列表，并将相应的文件拷贝到各个 TaskTracker 的本地磁盘上。

② 用户使用 DistributedCache.getLocalCacheFiles()方法获取文件目录，并使用标准的文件 API 读取相应的文件。

5.5.2 Map 端 join 的执行流程

① 首先在提交作业的时候先将小表文件放到该作业的 DistributedCache 中，然后从 DistributeCache 中取出该小表进行 join 连接的 <Key,Value>键值对，将其分割放到内存中。

② 重写 Mapper 类下面的 setup()方法，该方法会先于 Map 方法执行，将较小表先读入到一个 HashMap 中。

③ 重写 Map 函数，一行行读入大表的内容，逐一与 HashMap 中的内容进行比较，若 Key 相同，则对数据进行格式化处理，然后直接输出。

④ Map 函数输出的<Key,Value >键值对首先经过 Suffle 把 Key 值相同的所有 Value 放到一个迭代器中形成 Values，然后将<Key,Values>键值对传递给 Reduce 函数，Reduce 函数将输入的 Key 直接复制给输出的 Key，输入的 Values 通过 for 循环遍历逐一输出，循环的次数决定了<Key,Value>输出的次数。

 任务实现

（1）数据描述

假设某电商平台需要对订单数据进行分析，已知订单数据包括两个文件，分别为订单表 orders1 和订单明细表 order_items1，orders1 表记录了用户购买商品的下单数据，order_items1 表记录了商品 id、订单 id 以及明细 id，它们的表结构以及关系如图 5-64 所示。

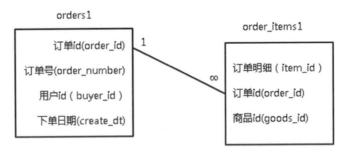

图 5-64　订单表结构示意

数据内容如下：
① orders1 表

订单 ID	订单号	用户 ID	下单日期	
52304	111215052630	176474	2011-12-15	04:58:21
52303	111215052629	178350	2011-12-15	04:45:31
52302	111215052628	172296	2011-12-15	03:12:23
52301	111215052627	178348	2011-12-15	02:37:32
52300	111215052626	174893	2011-12-15	02:18:56
52299	111215052625	169471	2011-12-15	01:33:46
52298	111215052624	178345	2011-12-15	01:04:41
52297	111215052623	176369	2011-12-15	01:02:20
52296	111215052622	178343	2011-12-15	00:38:02
52295	111215052621	178342	2011-12-15	00:18:43
52294	111215052620	178341	2011-12-15	00:14:37
52293	111215052619	178338	2011-12-15	00:13:07

② order_items1 表

明细 ID	订单 ID	商品 ID
252578	52293	1016840
252579	52293	1014040
252580	52294	1014200
252581	52294	1001012
252582	52294	1022245
252583	52294	1014724
252584	52294	1010731
252586	52295	1023399
252587	52295	1016840
252592	52296	1021134
252593	52296	1021133
252585	52295	1021840
252588	52295	1014040
252589	52296	1014040
252590	52296	1019043

要求用 Map 端 join 来进行多表连接，查询不同用户分别购买了什么商品。此任务假设 orders1 文件记录数很少，order_items1 文件记录数很多，最终的实验结果为

订单 ID	用户 ID	下单日期	商品 ID
52293	178338	2011-12-15	1016840
52293	178338	2011-12-15	1014040
52294	178341	2011-12-15	1010731
52294	178341	2011-12-15	1014724
52294	178341	2011-12-15	1022245

52294	178341	2011-12-15	1014200
52294	178341	2011-12-15	1001012
52295	178342	2011-12-15	1023399
52295	178342	2011-12-15	1014040
52295	178342	2011-12-15	1021840
52295	178342	2011-12-15	1016840
52296	178343	2011-12-15	1021134
52296	178343	2011-12-15	1021133
52296	178343	2011-12-15	1014040
52296	178343	2011-12-15	1019043

（2）编程思路

Map 端 join 适用于一个表记录数很少（100 条），另一表记录数很多（像几亿条）的情况，把小表数据加载到内存中，然后扫描大表，查看大表中记录的每条 join key/value 是否能在内存中找到相同的 join key 记录，如果有则输出结果。

（3）任务实施

任务实施中如何建立项目，如何导入项目依赖已经在任务 2 中进行了详细的讲解，创建完成后的目录结构如图 5-65 所示。

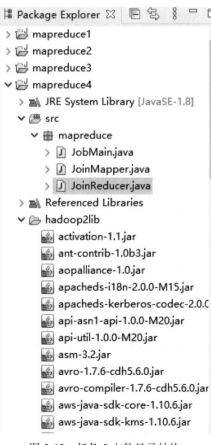

图 5-65 任务 5 文件目录结构

（4）项目代码

① Mapper 代码

```java
package mapreduce;
import org.apache.hadoop.io.Text;
import org.apache.hadoop.mapreduce.Mapper;
import java.io.BufferedReader;
import java.io.FileReader;
import java.io.IOException;
import java.util.HashMap;
import java.util.Map;
public class JoinMapper extends Mapper<Object, Text, Text, Text> {
    private Map<String, String> dict = new HashMap<>();
    @Override
    protected void setup(Context context) throws IOException,InterruptedException {
        String fileName = context.getLocalCacheFiles()[0].getName();
        //System.out.println(fileName);
        BufferedReader reader = new BufferedReader(new FileReader(fileName));
        String codeandname = null;
        while (null != ( codeandname = reader.readLine() ) ) {
            String str[]=codeandname.split(" ");
            dict.put(str[0], str[2]+" "+str[3]);
        }
        reader.close();
    }
    @Override
    protected void map(Object key, Text value, Context context) throws IOException, InterruptedException {

        String[] kv = value.toString().split(" ");
        if (dict.containsKey(kv[1])) {
            context.write(new Text(kv[1]), new Text(dict.get(kv[1])+" "+kv[2]));
        }
    }
}
```

该部分包括 Setup 方法与 Map 方法。在 Setup 方法中首先用 getName()获取当前文件名为 orders1 的文件并赋值给 fileName，然后用 bufferedReader 读取内存中缓存文件。在读文件时用 readLine()方法读取每行记录，把该记录用 split(" ")方法截取，与 order_items 文件中相同的字段 str[0]作为 Key 值并放到 Map 集合 dict 中，然后选取所要展现的字段作为 Value。Map 函数接收 order_items 文件数据，并用 split(" ")截取数据存放到数组 kv[]中（其中 kv[1]与 str[0] 代表的字段相同），用 if 判断，如果内存中 dict 集合的 Key 值包含 kv[1]，则用 context 的 write()

方法输出 Key2/Value2 值，其中 kv[1]作为 Key2，其他 dict.get(kv[1])+" "+kv[2]作为 Value2。

② Reduce 代码

```
package mapreduce;
import org.apache.hadoop.io.Text;
import org.apache.hadoop.mapreduce.Reducer;
import java.io.IOException;
public class JoinReducer extends Reducer<Text, Text, Text, Text> {
    @Override
    protected void reduce(Text key, Iterable<Text> values, Context context) throws IOException, InterruptedException {
        for(Text text:values){
            context.write(key, text);
        }
    }
}
```

Map 函数输出的<Key,Value>键值对首先经过 Suffle 把 Key 值相同的所有 Value 放到一个迭代器中形成 Values，然后将<Key,Values>键值对传递给 Reduce 函数，Reduce 函数输入的 Key 直接复制给输出的 Key，输入的 Values 通过增强版 for 循环遍历逐一输出。

③ JobMain 程序

```
package mapreduce;
import org.apache.hadoop.conf.Configuration;
import org.apache.hadoop.conf.Configured;
import org.apache.hadoop.fs.Path;
import org.apache.hadoop.io.Text;
import org.apache.hadoop.mapreduce.Job;
import org.apache.hadoop.mapreduce.lib.input.TextInputFormat;
import org.apache.hadoop.mapreduce.lib.output.TextOutputFormat;
import org.apache.hadoop.util.Tool;
import org.apache.hadoop.util.ToolRunner;
import java.net.URI;
public class JobMain extends Configured implements Tool {
    @Override
    public int run(String[] strings) throws Exception {
        // 创建一个任务对象
        Job job = Job.getInstance(super.getConf(), "mapreduce_join");
        // 打包放在集群运行时，需要做一个配置
        job.setJarByClass(JobMain.class);
        // 第一步：设置读取文件的类：k1 和 v1
        job.setInputFormatClass(TextInputFormat.class);
        TextInputFormat.addInputPath(job,new Path("hdfs://master:9000/join_input/order_items1"));
        // 第二步：设置 Mapper 类
        job.setMapperClass(JoinMapper.class);
        // 设置 Map 阶段的输出类型：k2 和 v2 的类型
        job.setMapOutputKeyClass(Text.class);
```

```
            job.setMapOutputValueClass(Text.class);
            // 第三、四、五、六步采用默认方式（分区，排序，规约，分组）
            // 第七步：设置 Reducer 类
            job.setReducerClass(JoinReducer.class);
            // 设置 Reduce 阶段的输出类型
            job.setOutputKeyClass(Text.class);
            job.setOutputValueClass(Text.class);
            // 第八步：设置输出类
            job.setOutputFormatClass(TextOutputFormat.class);
            // 设置输出路径
            TextOutputFormat.setOutputPath(job,new
Path("hdfs://master:9000/jion_output"));
            job.addCacheFile(new
URI("hdfs://master:9000/join_input/orders1/05orders1.txt"));
                    boolean b = job.waitForCompletion(true);
            return b?0:1;
        }
        public static void main(String[] args) throws Exception {
            Configuration configuration = new Configuration();
            // 启动一个任务
            ToolRunner.run(configuration, new JobMain(), args);
        }
    }
```

（5）程序打包

Hadoop 上运行的都是 jar 包，因此也需要将业务逻辑程序打包成 jar 包，如图 5-66 所示。

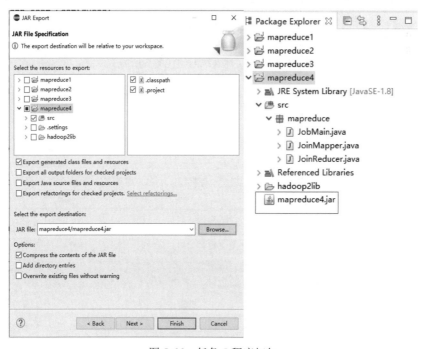

图 5-66　任务 5 程序打包

（6）执行程序

① 在 master 主节点本地文件系统 MrInputData 目录下创建 05 的文件夹，用来存放任务 5 的相关数据与文件，如图 5-67 所示。

```
[root@master MrInputData]# ll
total 16
drwxr-xr-x 2 root root 4096 Jan 27 10:32 01
drwxr-xr-x 2 root root 4096 Jan 27 16:29 02
drwxr-xr-x 2 root root 4096 Jan 27 19:52 03
drwxr-xr-x 2 root root 4096 Jan 27 21:53 04
[root@master MrInputData]# mkdir 05
[root@master MrInputData]# ll
total 20
drwxr-xr-x 2 root root 4096 Jan 27 10:32 01
drwxr-xr-x 2 root root 4096 Jan 27 16:29 02
drwxr-xr-x 2 root root 4096 Jan 27 19:52 03
drwxr-xr-x 2 root root 4096 Jan 27 21:53 04
drwxr-xr-x 2 root root 4096 Jan 27 23:35 05
[root@master MrInputData]#
```

图 5-67　在 master 主节点创建任务 5 数据存储目录

② 将数据和打包好的程序 jar 包上传到 MrInputData/05 目录下，如图 5-68 所示。

```
[root@master 05]# ll
total 79768
-rw-r--r-- 1 root root      372 Jan 28 08:54 05order_items1.txt
-rw-r--r-- 1 root root      599 Jan 28 08:53 05orders1.txt
-rw-r--r-- 1 root root 81670795 Jan 28 09:03 mapreduce4.jar
[root@master 05]#
```

图 5-68　上传任务 5 所需数据到 master 本地文件系统

③ 在 HDFS 文件系统根目录下创建 join_input 目录，并在该目录下分别创建 order_items1 和 orders1 的子目录。在终端执行命令 hadoop fs-mkdir/join_input、hadoop fs-mkdir /join_nput/order_items1 、hadoop fs -mkdir /join_input/orders1，如图 5-69 所示

```
[root@master 05]# hadoop fs -mkdir /join_input
21/01/30 14:49:16 WARN util.NativeCodeLoader: Unable to load native-hadoop library for your platform... using builtin-java classes where applicable
[root@master 05]# hadoop fs -mkdir /join_input/order_items1
21/01/30 14:49:25 WARN util.NativeCodeLoader: Unable to load native-hadoop library for your platform... using builtin-java classes where applicable
[root@master 05]# hadoop fs -mkdir /join_input/orders1
21/01/30 14:49:32 WARN util.NativeCodeLoader: Unable to load native-hadoop library for your platform... using builtin-java classes where applicable
[root@master 05]#
```

图 5-69　在 HDFS 文件系统创建任务 5 所需文件夹

创建完成后通过网页访问的形式可以查看目录创建成功，如图 5-70 所示。

Browse Directory

Permission	Owner	Group	Size	Replication	Block Size	Name
drwxr-xr-x	root	supergroup	0 B	0	0 B	filter_input
drwxr-xr-x	root	supergroup	0 B	0	0 B	filter_output
drwxr-xr-x	root	supergroup	0 B	0	0 B	join_input
drwxr-xr-x	root	supergroup	0 B	0	0 B	sort_input
drwxr-xr-x	root	supergroup	0 B	0	0 B	sort_output
drwx------	root	supergroup	0 B	0	0 B	tmp
drwxr-xr-x	root	supergroup	0 B	0	0 B	wc_input
drwxr-xr-x	root	supergroup	0 B	0	0 B	wc_output01
drwxr-xr-x	root	supergroup	0 B	0	0 B	wc_output02

Hadoop, 2014.

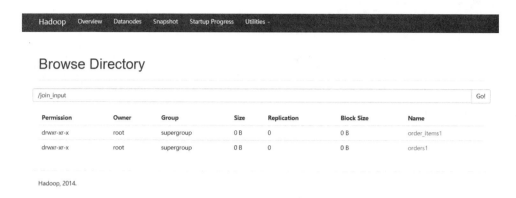

图 5-70 通过浏览器查看任务 5 所需的文件夹

④ 在终端执行命令：hadoop fs-put 05orders1.txt /join_input/orders1，hadoop fs-put 05order_tems1.txt /join_input/order_items1，将准备好的本地文件上传到 HDFS 文件系统，如图 5-71 所示。

```
[root@master 05]# hadoop fs -put 05orders1.txt     /join_input/orders1
21/01/30 14:51:14 WARN util.NativeCodeLoader: Unable to load native-hadoop library for your platform... using builtin-java classes w
here applicable
[root@master 05]# hadoop fs -put 05order_items1.txt  /join_input/order_items1
21/01/30 14:51:21 WARN util.NativeCodeLoader: Unable to load native-hadoop library for your platform... using builtin-java classes w
here applicable
[root@master 05]#
```

图 5-71 上传任务 5 所需文件到 HDFS 文件系统

⑤ 在终端输入命令：hadoop jar mapreduce4.jar mapreduce.JobMain，执行程序，执行完成后的结果如图 5-72 所示，其提示的打印信息与任务 1 意义完全相同。

```
[root@master 05]# hadoop jar mapreduce4.jar mapreduce.JobMain
21/01/30 14:52:24 WARN util.NativeCodeLoader: Unable to load native-hadoop library for your platform... using builtin-java classes w
here applicable
21/01/30 14:52:25 INFO client.RMProxy: Connecting to ResourceManager at master/192.168.0.135:18040
21/01/30 14:52:26 INFO input.FileInputFormat: Total input paths to process : 1
21/01/30 14:52:26 INFO mapreduce.JobSubmitter: number of splits:1
21/01/30 14:52:26 INFO mapreduce.JobSubmitter: Submitting tokens for job: job_1611975196528_0006
21/01/30 14:52:26 INFO impl.YarnClientImpl: Submitted application application_1611975196528_0006
21/01/30 14:52:26 INFO mapreduce.Job: The url to track the job: http://master:18088/proxy/application_1611975196528_0006/
21/01/30 14:52:26 INFO mapreduce.Job: Running job: job_1611975196528_0006
21/01/30 14:52:34 INFO mapreduce.Job: Job job_1611975196528_0006 running in uber mode : false
21/01/30 14:52:34 INFO mapreduce.Job:  map 0% reduce 0%
21/01/30 14:52:39 INFO mapreduce.Job:  map 100% reduce 0%
21/01/30 14:52:45 INFO mapreduce.Job:  map 100% reduce 100%
21/01/30 14:52:45 INFO mapreduce.Job: Job job_1611975196528_0006 completed successfully
21/01/30 14:52:45 INFO mapreduce.Job: Counters: 49
```

图 5-72 任务 5 程序执行

（7）查看结果

HDFS 根目录下多了 jion_output 文件夹，join_output 文件夹下的 part-r-00000 为执行的结果，如图 5-73 所示。

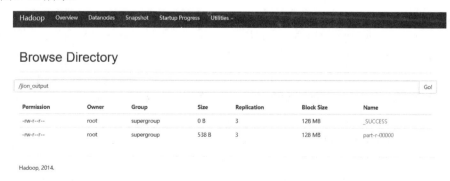

图 5-73 任务 5 执行结果文件

点击下载该文件，可以看到文件内容和预想的一致，如图 5-74 所示。

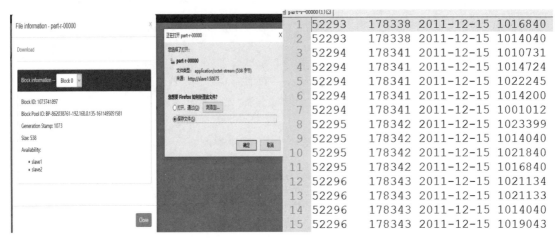

图 5-74　任务 5 程序执行结果

任务 6　MapReduce 优化

任务描述

了解 MapReduce 优化参数。

相关知识

5.6.1　资源相关参数

① mapreduce.map.memory.mb：一个 MapTask 可使用的内存上限（单位:MB），默认为 1024。

② mapreduce.reduce.memory.mb：一个 ReduceTask 可使用的资源上限（单位:MB），默认为 1024。

③ mapreduce.map.cpu.vcores：每个 MapTask 可用的最多 cpu core 数目，默认值: 1。

④ mapreduce.reduce.cpu.vcores：每个 ReduceTask 可用最多 cpu core 数目，默认值: 1。

⑤ mapreduce.map.java.opts：MapTask 的 JVM 参数，可以在此配置默认的 java heap size 等参数。

⑥ mapreduce.reduce.java.opts：ReduceTask 的 JVM 参数，可以在此配置默认的 java heap size 等参数。

⑦ yarn.scheduler.minimum-allocation-mb：RM 中每个容器请求的最小配置，以 MB 为单位，默认 1024。

⑧ yarn.scheduler.maximum-allocation-mb：RM 中每个容器请求的最大分配，以 MB 为单

位,默认 8192。

⑨ yarn.nodemanager.resource.memory-mb：表示该节点上 YARN 可使用的物理内存总量,默认是 8192（MB）。

5.6.2 容错相关参数

① mapreduce.map.maxattempts: 每个 MapTask 最大重试次数,一旦重试参数超过该值,则认为 MapTask 运行失败,默认值：4。

② mapreduce.reduce.maxattempts: 每个 ReduceTask 最大重试次数,一旦重试参数超过该值,则认为 MapTask 运行失败,默认值：4。

③ mapreduce.map.failures.maxpercent: 当失败的 MapTask 失败比例超过该值,整个作业将失败,默认值为 0。如果应用程序允许丢弃部分输入数据,则该该值设为一个大于 0 的值,比如 5,表示如果有低于 5%的 MapTask 失败（如果一个 MapTask 重试次数超过 mapreduce.map.maxattempts,则认为这个 MapTask 失败,其对应的输入数据将不会产生任何结果）,整个作业仍认为成功。

④ mapreduce.reduce.failures.maxpercent: 当失败的 ReduceTask 失败比例超过该值,整个作业则失败,默认值为 0。

⑤ mapreduce.task.timeout:如果一个 Task 在一定时间内没有任何操作,即不会读取新的数据,也没有输出数据,则认为该 Task 处于 block 状态。为了防止因为用户程序永远处于 block 状态,则强制设置了超时时间（单位毫秒）,默认是 600000。

5.6.3 效率与稳定性参数

① mapreduce.map.speculative:是否为 Map Task 打开推测执行机制,默认为 true,如果为 true,则可以并行执行一些 Map 任务的多个实例。

② mapreduce.reduce.speculative: 是否为 Reduce Task 打开推测执行机制,默认为 true。

③ mapreduce.input.fileinputformat.split.minsize: FileInputFormat 做切片时最小切片大小。

④ mapreduce.input.fileinputformat.split.maxsize: FileInputFormat 做切片时最大切片大小。

项目5 习题答案

项目5 线上习题
+ 答案

一、填空题

1. 在 MapReduce 计算架构中,_____组件运行在 NameNode 节点上,提供集群资源的分配和工作调度管理。
2. 在 MapReduce 中,_____阶段,Mapper 执行 MapTask,将输出结果写入中间文件。
3. 在 MapReduce 中,_____阶段,把 Mapper 的输出数据归并整理后分发给 Reducer 处理。
4. 在 MapReduce 中,_____阶段,Reducer 执行 ReduceTask,将最后结果写入 HDFS。

二、选择题

1. MapReduce 应用于（　　）的数据处理。
   A. 小规模　　B. 中小规模　　C. 大规模　　D. 超大规模

2. 下列关于 MapReduce 说法不正确的是（　　）。
   A. MapReduce 是一种计算框架
   B. MapReduce 的核心思想是"分而治之"
   C. MapReduce 是一个串行的编程模型
   D. MapReduce 来源于 Google 的学术论文

3. 下列关于 MapReduce 计算原理叙述不正确的一项是（　　）。
   A. 将大数据集划分为小数据集，小数据集划分为更小数据集
   B. 将最终划分的小数据分发布到集群节点上
   C. 以串行的方式完成计算处理
   D. 将计算结果递归融汇，得到最后的结果

4. 下列关于 Map/Reduce 并行计算模型叙述正确的一项为（　　）。
   A. Map/Reduce 把待处理的数据集分割成许多大的数据块
   B. 大数据块经 Map() 函数并行处理后输出新的中间结果
   C. Reduce() 函数把多任务处理后的中间结果进行汇总
   D. Reduce 阶段的作用接受来自输出列表的迭代器

三、简答题

1. 简述 MapReduce 和 Hadoop 的关系。
2. 简述 MapReduce 的开发步骤。
3. 是否所有的 MapReduce 程序都需要经过 Map 和 Reduce 这两个过程，如果不是，请举例说明。

项目 6　Hadoop 数据仓库 Hive

 学习目标

1. 了解 Hive 及其特点。
2. 熟悉 Hive 数据类型。
3. 熟悉并区分 Hive 四种表。
4. 掌握 Hive 的安装及配置。
5. 熟练应用 Hive 创建数据库。
6. 熟练应用 Hive 创建表、修改表。

思政与职业素养目标

1. 了解学习 Hive 的各种数据类型，培养学生了解将来从事大数据开发的软件需要满足市场需求，尽量做到功能完备。
2. 安装 Hive 前需要先安装 Mysql，使学生懂得"羊有跪乳之恩，鸦有反哺之义"的道理，并懂得感恩，珍惜当前的美好学习生活。
3. 通过学习 Hive 创建数据库、数据表以及对其操作等，使学生懂得做事要有先后顺序，并要有持之以恒的态度。

 Hive 环境搭建

任务描述

Hive 是基于 Hadoop 的一个数据仓库工具，可以将结构化的数据文件映射成一张数据库表，并提供简单的 SQL 查询功能。Hive 使用前需要安装并对其环境进行配置。

 相关知识

6.1.1 Hive 简介

Hive 最初由 Facebook 开发，后来由 Apache 软件基金会开发，并将它作为 Apache Hive 的一个开源项目。Hive 是建立在 Hadoop 上的数据仓库基础构架，可以用来进行数据提取转化加载(ETL)，Hive 定义了简单的类 SQL 查询语言，称为 HQL，它允许熟悉 SQL 的用户查询数据。

Hive 没有专门的数据格式，是基于 Hadoop 的一个数据仓库工具，它最适用于传统的数据仓库任务。依赖于 HDFS 存储数据，可以将结构化的数据映射为一张数据库表。Hive 将 HQL 转换成 MapReduce 执行，实质就是一款基于 HDFS 的 MapReduce 计算框架，对存储在 HDFS 中的数据进行分析和管理。

6.1.2 Hive 优点

（1）可扩展性

Hive 可以自由扩展集群的规模。一般情况下不需要重启服务，可以通过分担压力的方式扩展集群的规模。

（2）可延展性

Hive 支持自定义函数。用户可以根据需要实现自己的函数。

（3）良好的容错性

可以保障即使节点出现问题，SQL 语句仍可完成执行。

（4）开发成本低

Hive 底层将 SQL 语句转化为 MapReduce 任务运行。相对于用 Java 代码编写 Mapreduce 来说，更加方便人们学习使用和快速开发，且成本低。Hive 支持自由扩展集群规模（扩展性）和自定义函数（延展性）。

 任务实现

6.1.3 安装 Mysql

Hive 的元数据存储在 RDBMS 中，除元数据外的其他所有数据都基于 HDFS 存储。默认情况下，Hive 元数据保存在内嵌的 Derby 数据库中，只能允许一个会话连接，仅适合简单的测试。但在实际生产环境中需要支持多用户会话，则需要一个独立的元数据库，使用 Mysql 作为元数据库，无论什么路径启动 Hive，只需要访问 Mysql 即可。因此安装 Hive 前，需要在主机中安装 JDK、Hadoop、Mysql。前面已经安装了 JDK、Hadoop，在此只介绍安装 Mysql。

安装 Mysql，需要在 root 权限下，可以在线联网的情况下，使用本地 yum 进行安装，具

体操作步骤如下。

① 启动虚拟机，切换到终端界面。

② 输入命令 su，切换用户到 root 用户下。

③ 输入命令 yum install mysql，实现安装客户端，系统自行加载并开始安装过程，如图 6-1 所示，最终安装成功，如图 6-2 所示。

④ 输入命令 yum install mysql-server，实现安装服务器，同样有加载并最终安装成功，如图 6-3 所示。

⑤ 输入命令 yum install mysql-devel，实现安装开发用到的库以及包含文件，系统加载如图 6-4 所示，最终安装完成，如图 6-5 所示。

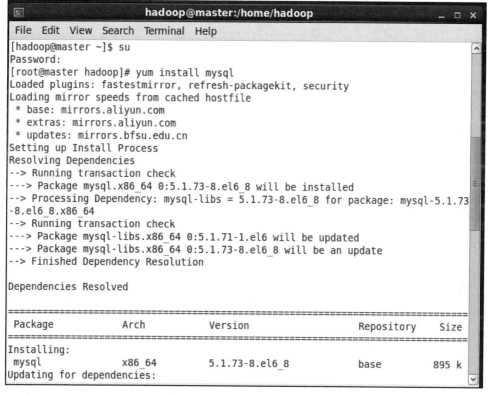

图 6-1　加载安装 Mysql 客户端

6.1.4　Mysql 基本应用

（1）启动 Mysql

采用前面的方法安装 Mysql 完成后，默认 Mysql 存放在/var/lib/mysql/目录下。需要启动 Mysql 的服务才能进行给用户设置密码等操作。

可以输入命令 cd /var/lib/mysql/，切换到该目录，再输入 service mysqld start ，启动 Mysql 成功后的状态结果如图 6-6 所示。

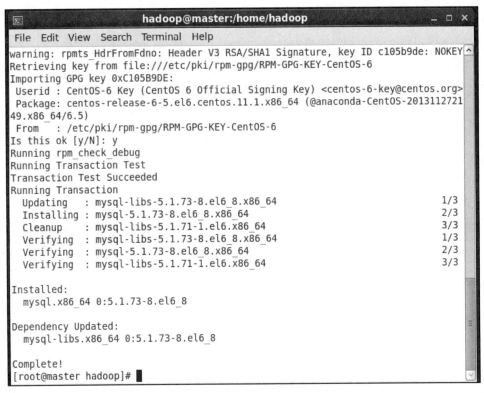

图 6-2　安装完成 Mysql 客户端

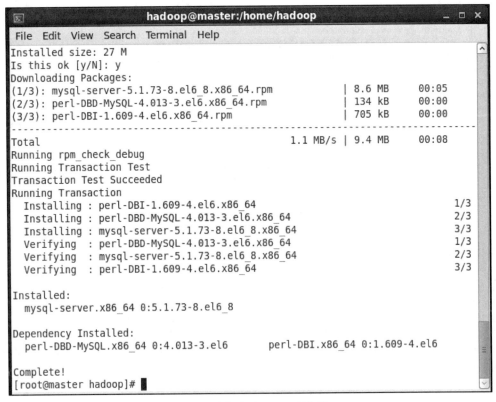

图 6-3　安装完成 Mysql 服务器

```
                    hadoop@master:/home/hadoop              _  □  x
 keyutils-libs-devel      x86_64      1.4-5.el6            base       29 k
 krb5-devel               x86_64      1.10.3-65.el6        base      504 k
 libcom_err-devel         x86_64      1.41.12-24.el6       base       33 k
 libkadm5                 x86_64      1.10.3-65.el6        base      143 k
 libselinux-devel         x86_64      2.0.94-7.el6         base      137 k
 libsepol-devel           x86_64      2.0.41-4.el6         base       64 k
 openssl-devel            x86_64      1.0.1e-58.el6_10     updates   1.2 M
 zlib-devel               x86_64      1.2.3-29.el6         base       44 k
Updating for dependencies:
 e2fsprogs                x86_64      1.41.12-24.el6       base      554 k
 e2fsprogs-libs           x86_64      1.41.12-24.el6       base      121 k
 keyutils-libs            x86_64      1.4-5.el6            base       20 k
 krb5-libs                x86_64      1.10.3-65.el6        base      675 k
 libcom_err               x86_64      1.41.12-24.el6       base       38 k
 libselinux               x86_64      2.0.94-7.el6         base      109 k
 libselinux-python        x86_64      2.0.94-7.el6         base      203 k
 libselinux-utils         x86_64      2.0.94-7.el6         base       82 k
 libss                    x86_64      1.41.12-24.el6       base       42 k
 openssl                  x86_64      1.0.1e-58.el6_10     updates   1.5 M

Transaction Summary
================================================================================
Install      9 Package(s)
Upgrade     10 Package(s)

Total download size: 5.6 M
Is this ok [y/N]:
```

图 6-4　加载安装开发用到的库以及包含文件

```
                    hadoop@master:/home/hadoop              _  □  x
  Verifying  : keyutils-libs-1.4-4.el6.x86_64                       27/29
  Verifying  : krb5-libs-1.10.3-10.el6_4.6.x86_64                   28/29
  Verifying  : libss-1.41.12-18.el6.x86_64                          29/29

Installed:
  mysql-devel.x86_64 0:5.1.73-8.el6_8

Dependency Installed:
  keyutils-libs-devel.x86_64 0:1.4-5.el6      krb5-devel.x86_64 0:1.10.3-65.el6
  libcom_err-devel.x86_64 0:1.41.12-24.el6    libkadm5.x86_64 0:1.10.3-65.el6
  libselinux-devel.x86_64 0:2.0.94-7.el6      libsepol-devel.x86_64 0:2.0.41-4.el6
  openssl-devel.x86_64 0:1.0.1e-58.el6_10     zlib-devel.x86_64 0:1.2.3-29.el6

Dependency Updated:
  e2fsprogs.x86_64 0:1.41.12-24.el6
  e2fsprogs-libs.x86_64 0:1.41.12-24.el6
  keyutils-libs.x86_64 0:1.4-5.el6
  krb5-libs.x86_64 0:1.10.3-65.el6
  libcom_err.x86_64 0:1.41.12-24.el6
  libselinux.x86_64 0:2.0.94-7.el6
  libselinux-python.x86_64 0:2.0.94-7.el6
  libselinux-utils.x86_64 0:2.0.94-7.el6
  libss.x86_64 0:1.41.12-24.el6
  openssl.x86_64 0:1.0.1e-58.el6_10

Complete!
[root@master hadoop]#
```

图 6-5　完成安装开发用到的库以及包含文件

```
[root@master mysql]# service mysqld start
Starting mysqld:                                           [  OK  ]
[root@master mysql]#
```

图 6-6　启动 Mysql 服务

注意：启动 Mysql 服务需要 root 权限。

（2）查看 Mysql 的状态

输入命令 service mysqld status，查看 Mysql 的状态，显示"mysqld is running"，表示 Mysq 数据库正在运行工作，如图 6-7 所示。

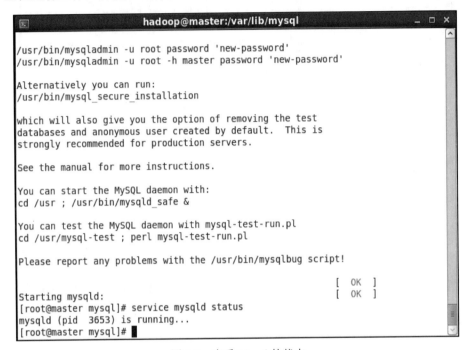

图 6-7　查看 Mysql 的状态

（3）登录 Mysql

登录 Mysql，输入命令 mysql -uroot -p，其中命令中的 u 用于指定用户，p 表示输入密码。系统提示需要输入密码，由于默认安装密码为空，因此可以直接按回车，如图 6-8 所示，当出现 mysql>表示登录成功。

图 6-8　登录 Mysql

如果已经登录进入 Mysql 控制台，需要对 root 用户添加密码，则可以直接输入 update mysql.user set password=PASSWORD ('root') where User='root';，其中 PASSWORD 后面括号内的就是设置的密码信息，这里用户名为 root，密码设置的也是 root，如图 6-9 所示。

```
mysql> update mysql.user set password=PASSWORD ('root') where User='root';
Query OK, 3 rows affected (0.01 sec)
Rows matched: 3  Changed: 3  Warnings: 0

mysql>
```

图 6-9　root 用户对 Mysql 设置权限

添加完成后，输入命令 mysql >flush privileges，用于刷新权限才能生效，出现->字样表示刷新成功，如图 6-10 所示。

```
mysql> update mysql.user set password=PASSWORD ('root') where User='root';
Query OK, 3 rows affected (0.01 sec)
Rows matched: 3  Changed: 3  Warnings: 0

mysql> flush privileges
    ->
    ->
```

图 6-10　刷新权限

（4）退出 Mysql

登录 Mysql 数据库，并输入对应前面设置的密码（root）后，若需要退出 Mysql 服务，则可以输入命令 exit，运行效果如图 6-11 所示。

```
[root@master mysql]# mysql -uroot -p
Enter password:
Welcome to the MySQL monitor.  Commands end with ; or \g.
Your MySQL connection id is 4
Server version: 5.1.73 Source distribution

Copyright (c) 2000, 2013, Oracle and/or its affiliates. All rights reserved.

Oracle is a registered trademark of Oracle Corporation and/or its
affiliates. Other names may be trademarks of their respective
owners.

Type 'help;' or '\h' for help. Type '\c' to clear the current input statement.

mysql> exit
Bye
```

图 6-11　退出 Mysql 服务

（5）关闭 Mysql

如果需要关闭 Mysql 服务时，则使用命令 service mysqld stop，运行效果如图 6-11 所示。

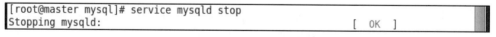

图 6-12　关闭 Mysql 服务

注意：退出 Mysql 服务只是暂时离开 Mysql 的服务，可以再次进入，而关闭 Mysql，则表示将 Mysql 服务暂停。

（6）查看已有数据库

登录 Mysql 服务，可以输入命令 show databases;，查看已经存在的数据库，如图 6-13 所示。

（7）创建数据库

登录 Mysql 服务，可以输入命令 create database 数据库名，创建指定新的数据库。例如创建 Hive 数据库，效果如图 6-14 所示。

```
mysql> show databases;
+--------------------+
| Database           |
+--------------------+
| information_schema |
| mysql              |
| test               |
+--------------------+
3 rows in set (0.00 sec)
```

图 6-13　查看已有数据库

```
mysql> create database hive;
Query OK, 1 row affected (0.00 sec)

mysql>
```

图 6-14　创建 Hive 数据库

（8）打开数据库

创建数据库使用前需要先打开，输入命令 use 数据库名。例如打开 Hive 数据库，效果如图 6-15 所示。

```
mysql> use hive;
Database changed
```

图 6-15　打开 hive 数据库

（9）创建数据表

创建数据表，需要输入命令 create table 表名(字段名 类型名(字段宽度))。

例如创建表 xsb，使用命令 create table xsb(name varchar(6),xb char(2),nl int(2));，如图 6-16 所示。

```
mysql> create table xsb(name varchar(6),xb char(2),nl int(2));
Query OK, 0 rows affected (0.02 sec)

mysql>
```

图 6-16　创建表 xsb

（10）向表中增加记录

前面新创建的表，默认有 0 条记录，可以利用命令 insert into 表名 values(字段值，字段值……)形式增加记录。例如向表 xsb 增加 1 条记录，结果如图 6-17 所示。

```
mysql> insert into xsb values('chen','n',20);
Query OK, 1 row affected (0.00 sec)

mysql>
```

图 6-17　向表 xsb 增加 1 条记录

（11）查看表中已存在的记录

需要查看表中已存在的数据，则可以使用命令 select 字段名，字段名… from 表名，并且可以用*表示所有字段名。例如查看表 xsb 部分字段和全部字段，结果如图 6-18 所示。

```
mysql> select name from xsb
    -> ;
+------+
| name |
+------+
| chen |
+------+
1 row in set (0.00 sec)

mysql> select * from xsb;
+------+------+------+
| name | xb   | nl   |
+------+------+------+
| chen | n    |   20 |
+------+------+------+
1 row in set (0.00 sec)

mysql>
```

图 6-18　查看 xsb 部分和全部字段的记录

（12）查看表结构

可以输入命令 describe 表名，查看表结构。例如查看 xsb 结构如图 6-19 所示。

```
mysql> describe xsb;
+-------+------------+------+-----+---------+-------+
| Field | Type       | Null | Key | Default | Extra |
+-------+------------+------+-----+---------+-------+
| name  | varchar(6) | YES  |     | NULL    |       |
| xb    | char(2)    | YES  |     | NULL    |       |
| nl    | int(2)     | YES  |     | NULL    |       |
+-------+------------+------+-----+---------+-------+
3 rows in set (0.01 sec)

mysql>
```

图 6-19　查看 xsb 结构

6.1.5　安装 Hive

Hive 需要安装在成功部署的 Hadoop 平台上，并且需要 Hadoop 在已经正常启动的状态下。具体操作步骤如下。

（1）安装 Hive 前的准备

① 创建 Hadoop 数据库

输入命令 create database hive;

在这里，创建的新数据库名为 hive。

② 创建新用户 hadoop

创建一个名称为 hadoop 的 Mysql 新用户，需要连续执行以下四条命令：

```
grant all on hive.* to hadoop@'%' identified by 'hadoop';
grant all on hive..* to hadoop@'localhost' identified by 'hadoop';
grant all on hive..* to hadoop@'master' identified by 'hadoop';
flush privileges;
```

运行结果如图 6-20 所示。

```
mysql> grant all on hive.* to hadoop@'%' identified by 'hadoop';
Query OK, 0 rows affected (0.01 sec)

mysql> grant all on hive.* to hadoop@'localhost' identified by 'hadoop';
Query OK, 0 rows affected (0.00 sec)

mysql> grant all on hive.* to hadoop@'master' identified by 'hadoop';
Query OK, 0 rows affected (0.00 sec)

mysql>  flush privileges;
Query OK, 0 rows affected (0.00 sec)

mysql>
```

图 6-20　授权给 Hive 的用户 hadoop

（2）安装 Hive

Hive 可以到官网 http://archive.cloudera.com/cdh5/cdh/5/下载。这里下载的是 hive-1.1.0-cdh 5.6.0 版本，并放置到用户指定的目录中。

首先切换到 Hive 的放置目录，然后输入命令 tar -zxvf apache-hive-2.2.0-bin.tar.gz 即可完成 Hive 的安装。

6.1.6　配置 Hive 环境

Hive 的环境需要配置 3 个文件，分别是 hive-env.sh、hive-site.xml 和/.bash_profile。

（1）配置 hive-env.sh

输入命令/usr/hive/hive-1.1.0-cdh5.6.0/conf，目录下有 hive-env.sh.template 文件，需要复制并更名为 hive-env.sh，然后再配置该文件。

```
cp hive-env.sh.template hive-env.sh
vi hive-env.sh
```

在文件的末尾增加：

```
export JAVA_HOME=/usr/java/jdk1.7.0_71
export HADOOP_HOME=/home/hadoop/hadoop-2.6.0-cdh5.6.0
export HIVE_HOME=/usr/hive/hive-1.1.0-cdh5.6.0
export HIVE_CONF_DIR=/usr/hive/hive-1.1.1-cdh5.6.0/conf
```

输入信息后，保存并退出，具体效果如图 6-21 所示。

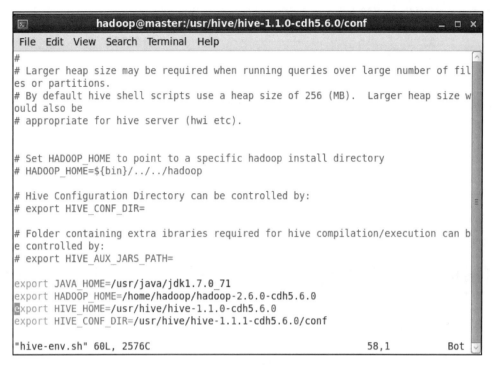

图 6-21　配置 hive-env.sh

（2）配置 hive-site.xml 文件

由于/usr/hive/hive-1.1.0-cdh5.6.0/conf 目录下，默认情况下没有 hive-site.xml 文件，需要输入 vi hive-site.xml 生成该文件。然后输入内容：

```
<?xml version="1.0"?>
<?xml-stylesheet type="text/xsl" href="configuration.xsl"?>
<configuration>
        <property>
        <name>javax.jdo.option.ConnectionURL</name>
<value>jdbc:mysql://master:3306/hive?createDatabaseIfNotExist=true&characterEncoding=UTF-8</value>
        <description>JDBC connection string for a JDBC metastiore</description>
        </property>
        <property>
        <name>javax.jdo.option.ConnectionDriverName</name>
        <value>com.mysql.jdbc.Driver</value>
        <description>Driver class name for a JDBC metastore</description>
        </property>
        <property>
        <name>javax.jdo.option.ConnectionUserName</name>
        <value>hadoop</value>
        <description>username to use against metastore database</description>
        </property>
```

```
            <property>
             <name>javax.jdo.option.ConnectionPassword</name>
             <value>hadoop</value>
             <description>password to use against metastore database</description>
            </property>
            <property>
             <name>hive.metastore.warehouse.dir</name>
             <value>/usr/hive/warehouse</value>
             <description></description>
            </property>
        </configuration>
```

输入信息后，保存并退出，具体效果如图 6-22 所示。

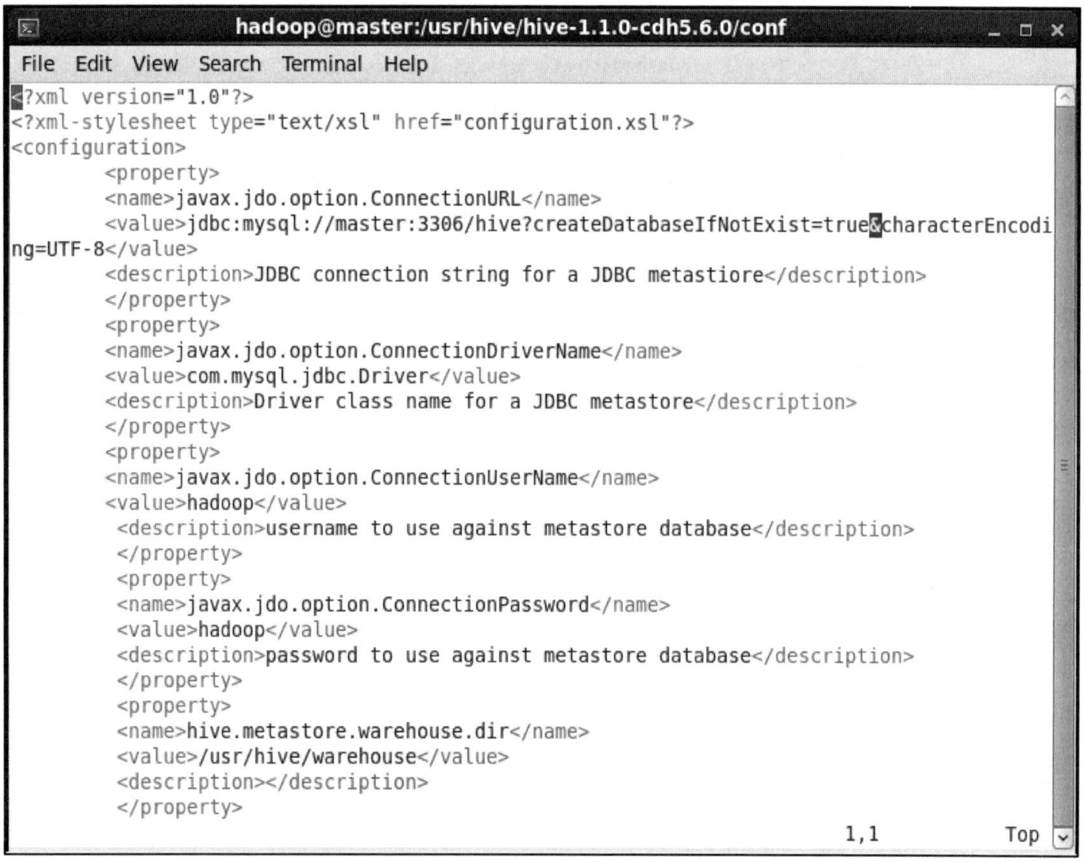

图 6-22 配置 hive-site.xml

（3）配置 vi /home/hadoop/.bash_profile

在后面空白位置输入：

```
export HIVE_HOME=/usr/hive/hive-1.1.0-cdh5.6.0
export PATH=$PATH:$HIVE_HOME/bin
```

输入信息后,保存并退出,具体效果如图 6-23 所示。

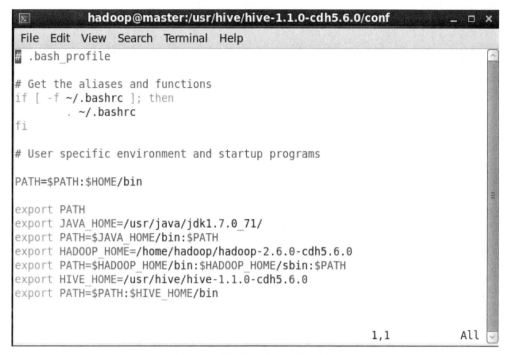

图 6-23　配置/.bash_profile 文件

(4) 拷贝 Mysql 的 JDBC 驱动包

在启动 Hive 前需要连接 Mysql,而 Mysql 数据库连接需要驱动程序 mysql-connector-java-5.1.22-bin.jar 文件,首先可以到官网 https://download.csdn.net/download/fss78/10674611?utm_source=bbsseo 下载该文件,然后需要将 mysql-connector-java- 5.1.27-bin.jar 复制到/usr/hive/hive-1.1.0-cdh5.6.0/lib 的目录下。

至此,Hive 的配置文件准备好了。

6.1.7　启动 Hive

配置上述 3 个文件后,如果想启动或者验证 Hive 是否安装成功,需要先启动 Hadoop 集群,然后再启动 Hive。

(1) 启动 Hadoop 集群

```
start-all.sh
```

验证有 4 个 jps,表明成功启动 Hadoop 集群,具体效果如图 6-24 所示。

(2) 启动 Hive

启动 Hadoop 集群后,再输入 hive,出现如图 6-25 所示的界面,表明 Hive 成功启动。

```
[hadoop@master hive-1.1.0-cdh5.6.0]$ start-all.sh
This script is Deprecated. Instead use start-dfs.sh and start-yarn.sh
20/09/05 15:13:46 WARN util.NativeCodeLoader: Unable to load native-hadoop libra
ry for your platform... using builtin-java classes where applicable
Starting namenodes on [master]
master: starting namenode, logging to /home/hadoop/hadoop-2.6.0-cdh5.6.0/logs/ha
doop-hadoop-namenode-master.out
slave: starting datanode, logging to /home/hadoop/hadoop-2.6.0-cdh5.6.0/logs/had
oop-hadoop-datanode-slave.out
Starting secondary namenodes [0.0.0.0]
0.0.0.0: secondarynamenode running as process 3314. Stop it first.
20/09/05 15:14:03 WARN util.NativeCodeLoader: Unable to load native-hadoop libra
ry for your platform... using builtin-java classes where applicable
starting yarn daemons
starting resourcemanager, logging to /home/hadoop/hadoop-2.6.0-cdh5.6.0/logs/yar
n-hadoop-resourcemanager-master.out
slave: starting nodemanager, logging to /home/hadoop/hadoop-2.6.0-cdh5.6.0/logs/
yarn-hadoop-nodemanager-slave.out
[hadoop@master hive-1.1.0-cdh5.6.0]$ jps
3314 SecondaryNameNode
3964 ResourceManager
3686 NameNode
4216 Jps
```

图 6-24　启动 Hadoop 集群

```
[hadoop@master hive-1.1.0-cdh5.6.0]$ hive
which: no hbase in (/home/hadoop/hadoop-2.6.0-cdh5.6.0/bin:/home/hadoop/hadoop-2
.6.0-cdh5.6.0/sbin:/usr/java/jdk1.7.0_71//bin:/home/hadoop/hadoop-2.6.0-cdh5.6.0
/bin:/home/hadoop/hadoop-2.6.0-cdh5.6.0/sbin:/usr/java/jdk1.7.0_71//bin:/usr/loc
al/bin:/usr/bin:/bin:/usr/local/sbin:/usr/sbin:/sbin:/usr/hive/hive-1.1.0-cdh5.6
.0/bin:/home/hadoop/bin:/usr/hive/hive-1.1.0-cdh5.6.0/bin)

Logging initialized using configuration in jar:file:/usr/hive/hive-1.1.0-cdh5.6.
0/lib/hive-common-1.1.0-cdh5.6.0.jar!/hive-log4j.properties
WARNING: Hive CLI is deprecated and migration to Beeline is recommended.
hive>
```

图 6-25　成功启动 Hive

任务 2　Hive 数据库基本操作

任务描述

安装并配置了 Hive 后，就可以开启其工作之旅了，Hive 的信息需要存储在数据库中，那么接下来先一起学习数据库知识并创建和使用数据库。

相关知识

6.2.1 数据库相关知识

（1）元数据存储

在安装完成 Hive 后，Hive 将表中的元数据信息存储在数据库中，默认是以 Derby 数据库作为元数据库，存储 Hive 中各种数据库，以及每个数据库中对应的表。但是由于 Derby 数据库一次只能有一个连接，在实际生产过程中，并不是以 Derby 作为 Hive 元数据库，都是以 Mysql 替换 Derby。

（2）存储路径

Hive 的数据库都是存储在 HDFS 上的，默认存储目录在/user/hive/warehouse 下，当然用户也可以根据自己的需要存储在指定的目录下。

任务实现

6.2.2 数据库操作

数据库的操作包括创建数据库、查看数据库、显示数据库、删除数据库等。

（1）创建数据库

创建数据库的命令是：create database 数据库名。创建"xsgl"数据库的具体操作如下。

① 输入命令 start-all.sh，启动 Hadoop。

② 输入命令 hive，启动 Hive。

③ 在 hive>下，输入 create database xsgl，创建效果如图 6-26 所示。

```
hive> create database xsgl;
OK
Time taken: 0.276 seconds
hive>
```

图 6-26 创建 xsgl 数据库

创建数据库时，还可以指定数据库在 HDFS 的存储位置，即 create database 数据库名 location '存储位置'

例如：创建 xuesheng 数据库，并且存储在 HDFS 的指定位置。

```
create database xuesheng location '/usr/hive/warehouse';
```

创建结果如图 6-27 所示。

```
hive> create database xuesheng location '/usr/hive/warehouse';
OK
Time taken: 0.657 seconds
```

图 6-27 创建指定存储位置的数据库

（2）查看数据库

查看数据库可以用 show databases，表示要查看已经存在的数据库；或者可以利用 show databases like 'xsgl'，用来检索指定的数据库；还可以利用 use 数据库名的形式打开指定数据库。具体效果如图 6-28 所示。

```
hive> show databases like xsgl;
OK
Time taken: 0.023 seconds
hive> use xsgl;
OK
Time taken: 0.017 seconds
hive> show database;
NoViableAltException(74@[683:1: ddlStatement : ( createDatabaseStatement | switc
hDatabaseStatement | dropDatabaseStatement | createTableStatement | dropTableSta
tement | truncateTableStatement | alterStatement | descStatement | showStatement
 | metastoreCheck | createViewStatement | dropViewStatement | createFunctionStat
ement | createMacroStatement | createIndexStatement | dropIndexStatement | dropF
unctionStatement | reloadFunctionStatement | dropMacroStatement | analyzeStateme
nt | lockStatement | unlockStatement | lockDatabase | unlockDatabase | createRol
eStatement | dropRoleStatement | grantPrivileges | revokePrivileges | showGrants
 | showRoleGrants | showRolePrincipals | showRoles | grantRole | revokeRole | se
tRole | showCurrentRole );])
        at org.antlr.runtime.DFA.noViableAlt(DFA.java:158)
        at org.antlr.runtime.DFA.predict(DFA.java:116)
        at org.apache.hadoop.hive.ql.parse.HiveParser.ddlStatement(HiveParser.ja
va:2310)
        at org.apache.hadoop.hive.ql.parse.HiveParser.execStatement(HiveParser.j
ava:1586)
        at org.apache.hadoop.hive.ql.parse.HiveParser.statement(HiveParser.java:
1062)
        at org.apache.hadoop.hive.ql.parse.ParseDriver.parse(ParseDriver.java:20
```

图 6-28　查看数据库的三种形式

（3）显示数据库的信息

查看数据库的信息，可以用命令：describe database 数据库名，系统将显示查看数据库的描述信息和文件目录位置路径信息。

例如查看创建的 xuesheng 数据库信息，结果如图 6-29 所示。

```
hive> describe database xuesheng;
OK
xuesheng                 hdfs://master:9000/usr/hive/warehouse    hadoop  USER
Time taken: 0.246 seconds, Fetched: 1 row(s)
```

图 6-29　查看 xuesheng 数据库

（4）删除数据库

删除数据库的信息命令是：drop database 数据库名。

例如删除数据库 ww，执行结果如图 6-30 所示。

```
hive> drop database ww;
OK
Time taken: 0.365 seconds
hive>
```

图 6-30　删除 ww 数据库

（5）查看 HDFS 上存储的数据库

Hive 的数据库都是存储在 HDFS 上的，默认存储目录在/user/hive/warehouse 下。

输入命令 dfs -ls /user/hive/warehouse；查看所创建的数据库，结果如图 6-31 所示。

```
hive> dfs -ls /user/hive/warehouse;
Found 4 items
drwxr-xr-x   - hadoop supergroup          0 2020-09-06 10:09 /user/hive/warehous
e/hunan111.db
drwxr-xr-x   - hadoop supergroup          0 2020-09-06 12:16 /user/hive/warehous
e/qq.db
drwxr-xr-x   - hadoop supergroup          0 2020-09-06 13:34 /user/hive/warehous
e/ww.db
drwxr-xr-x   - hadoop supergroup          0 2020-09-05 16:27 /user/hive/warehous
e/xsgl.db
hive>
```

图 6-31　查看 HDFS 上存储的数据库

任务 3　Hive 表基本操作

任务描述

Hive 表逻辑上由存储的数据和描述表格形式的相关元数据组成。Hive 的元数据中存储了 Hive 中所有表格的信息，包括表格的名字、表格的字段、字段的类型以及注释内容。

相关知识

6.3.1　表的相关知识

Hive 表分为内部表、外部表、分区表和分桶表四种。

（1）内部表

Hive 内部表和数据库中的表概念上一致，每一个表都会存储在相应的目录中，当删除表的时候，会删除元数据和数据的表。

（2）外部表

Hive 外部表是指当删除表的时候，只删除元数据，不删除数据的表。通常情况下，如果数据需要多个不同的组件进行处理时，最好使用外部表。

（3）分区表

Hive 分区表就是在系统上建立文件夹，把分类数据放在不同文件夹里，以便提高查询速度。分区表分为静态分区和动态分区两种。

（4）分桶表

分桶是相对分区进行更细的划分。针对某一列进行桶的组织，对列值哈希，然后除以桶的个数求余，决定将该条记录存放到哪个桶中。分桶表中的数据是按照某些分桶字段进行 hash 散列形成的多个文件，所以数据的准确性也高很多。

（5）Hive 数据类型

Hive 的内置数据类型可以分为两大类，分别是基础数据类型和复杂数据类型。其中，常用基础数据类型包括 TINYINT、SMALLINT、INT、BIGINT、BOOLEAN 等，具体如表 6-1 所示。复杂数据类型具体包括数组（ARRAY）、映射（MAP）、结构体（STRUCT）和联合体（UNION TYPE）四种，具体如表 6-2 所示。

表 6-1　Hive 基础数据类型及含义

类型	含义
TINYINT	1 字节（8 位）有符号整数
SMALLINT	2 字节（16 位）有符号整数
INT	4 字节（32 位）有符号整数
BIGINT	8 字节（64 位）有符号整数
FLOAT	4 字节（32 位）单精度浮点数
DOUBLE	8 字节（64 位）双精度浮点数
BOOLEAN	true/false
BINARY	字节序列
STRING	字符串
TIMESTAMP	时间戳，格式：yyyy-mm-dd hh:mm:ss[.f...]
DATE	日期，格式：YYYY-MM-DD

表 6-2　Hive 复杂数据类型及含义

类型	含义
ARRAY	一组有序字段。字段的类型必须相同，索引从 0 开始 格式：ARRAY<data_type>
MAP	一组无序的键/值对。键的类型必须是原子的，值可以是任何类型 格式：MAP<primitive_type, data_type>
STRUCT	一组命名的字段。字段类型可以不同 结构体格式：STRUCT<col_name : data_type [COMMENT col_comment], ...>
UNIONTYPE	联合体 格式：UNIONTYPE<data_type, data_type, ...>

6.3.2　Hive 内置函数

Hive 常见的内置函数有数学函数、字符函数、收集函数等。

在 hive>状态下，输入 show FUNCTIONS;可以查看所有的内置函数。部分内置函数如图 6-32 所示。

6.3.3　Hive 元数据存储

Hive 元数据（Meta Date），主要记录数据仓库中模型的定义、各层级之间的映射关系、监控数据仓库的数据状态以及 ETL 的任务运行状态。通常通过元数据资料库统一存储和管理元数据，其主要目的是使数据仓库的设计、部署、操作和管理能达成协同和一致。元数据通常存储在 Derby 或者 Mysql 数据库中，其中 Derby 属于内嵌模式，不需要配置可以直接可用，但实际生产环境中则使用 Mysql 来进行元数据的存储。

```
hive> show FUNCTIONS;
OK
!
!=
%
&
*
+
-
/
<
<=
<=>
<>
=
==
>
>=
^
abs
acos
add_months
and
array
array_contains
ascii
```

图 6-32 查看 Hive 内置函数

连接 Mysql 后，可以看到 Hive 元数据对应的表，其中和表结构信息有关的有 9 张，其余的 10 多张或为空，或只有简单的几条记录。Hive 元数据部分表及含义如表 6-3 所示。

表 6-3 Hive 元数据部分表及含义

表名	说明	关联键
TBLS	所有 Hive 表的基本信息	TBL_ID,SD_ID
TABLE_PARAM	表级属性，如是否外部表，表注释等	TBL_ID
COLUMNS	Hive 表字段信息(字段注释，字段名，字段类型，字段序号)	SD_ID
SDS	所有 Hive 表、表分区所对应的 HDFS 数据目录和数据格式	SD_ID,SERDE_ID
SERDE_PARAM	序列化反序列化信息，如行分隔符、列分隔符、NULL 的表示字符等	SERDE_ID
PARTITIONS	Hive 表分区信息	PART_ID,SD_ID,TBL_ID
PARTITION_KEYS	Hive 分区表分区键	TBL_ID
PARTITION_KEY_VALS	Hive 表分区名(键值)	PART_ID

6.3.4 表操作

数据表需要放到数据库中，对数据表的操作包括创建表、复制表、查看表、删除表等。

（1）创建表

创建表的命令是：create table if not exists 数据库名.表名(字段)。

在"xsgl"数据库中创建"xuesheng"表的具体操作如下。

① use xsgl;打开数据库 xsgl。

② create table xuesheng(name string,xb boolean,nl int);。

实现结果如图 6-33 所示。

```
hive> create table xuesheng(name string,xb boolean,nl int);
OK
Time taken: 0.473 seconds
hive> show tables;
OK
xuesheng
Time taken: 0.045 seconds, Fetched: 1 row(s)
hive> select * from xuesheng;
OK
Time taken: 0.793 seconds
hive>
```

图 6-33　在 xsgl 数据库中创建 xuesheng 表

（2）查看表信息

查看表信息命令是：describe extended 表名;。还可以查看表详细信息，命令是：describe formatted 表名。

例如查看 xuesheng 表信息，输入命令 describe extended xuesheng;，执行结果如图 6-34 所示。

```
hive> describe extended xuesheng;
OK
name                    string
xb                      boolean
nl                      int

Detailed Table Information    Table(tableName:xuesheng, dbName:xsgl, owner:had
oop, createTime:1599427204, lastAccessTime:0, retention:0, sd:StorageDescriptor(
cols:[FieldSchema(name:name, type:string, comment:null), FieldSchema(name:xb, ty
pe:boolean, comment:null), FieldSchema(name:nl, type:int, comment:null)], locati
on:hdfs://master:9000/user/hive/warehouse/xsgl.db/xuesheng, inputFormat:org.apac
he.hadoop.mapred.TextInputFormat, outputFormat:org.apache.hadoop.hive.ql.io.Hive
IgnoreKeyTextOutputFormat, compressed:false, numBuckets:-1, serdeInfo:SerDeInfo(
name:null, serializationLib:org.apache.hadoop.hive.serde2.lazy.LazySimpleSerDe,
parameters:{serialization.format=1}), bucketCols:[], sortCols:[], parameters:{},
 skewedInfo:SkewedInfo(skewedColNames:[], skewedColValues:[], skewedColValueLoca
tionMaps:{}), storedAsSubDirectories:false), partitionKeys:[], parameters:{trans
ient_lastDdlTime=1599427204}, viewOriginalText:null, viewExpandedText:null, tabl
eType:MANAGED_TABLE)
Time taken: 0.108 seconds, Fetched: 5 row(s)
hive>
```

图 6-34　查看表信息

（3）向表中加载信息

将事先准备好的数据添加到表中，可以借助 load data 命令实现。具体操作如下。

```
load data local inpath '/home/hadoop/jiazaidata.txt' into table xuesheng;
```

① 在主机 master 新打开一个终端窗口。
② 输入命令 vi jiazaidata.txt，在/home/hadoop/目录下创建一个新的文件 jiazaidata.txt。
③ 编辑内容：

```
zhang^Afalse^A18
li^Atrue^A19
chen^Afalse^A19
wang^Atrue^A19
```

注意：Hive 默认的字段分隔符为 ASCII 码的控制符\001，输入数据时，需要先复制一下 \001，在 vi 打开文件里面，先按 Ctrl+V，然后再按 Ctrl+A，就可以输入这个控制符\001。输入效果如图 6-35 所示，编辑信息后保存并退出。

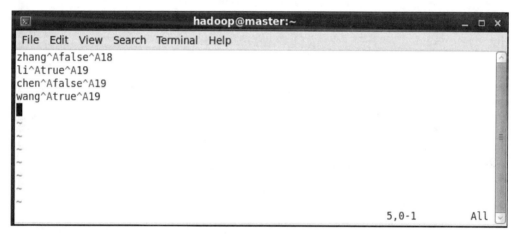

图 6-35　编辑内容

④ 回到 Hive 工作窗口，输入命令 load data local inpath '/home/hadoop/jiazaidata.txt' into table xuesheng;，实现效果如图 6-36 所示。

```
hive> load data local inpath '/home/hadoop/jiazaidata.txt' into table xuesheng;
Loading data to table xsgl.xuesheng
Table xsgl.xuesheng stats: [numFiles=1, numRows=0, totalSize=54, rawDataSize=0]
OK
Time taken: 1.6 seconds
hive>
```

图 6-36　向表中加载数据

⑤ 输入命令 select * from xuesheng;
查看表信息结果如图 6-37 所示。

```
hive> select * from xuesheng;
OK
zhang    false    18
li       true     19
chen     false    19
wang     true     19
         NULL     NULL
Time taken: 0.36 seconds, Fetched: 5 row(s)
hive>
```

图 6-37　查看加载信息后的表

（4）使用内置函数

Hive 内置函数在查看表信息时会被经常用到，例如前面创建的 xuesheng 表，当记录信息非常多，计算全班的平均年龄时，可以借助 Hive 的内置函数实现。

输入命令 select avg(nl) from xuesheng;，系统加载 map 和 reduce 过程，当体现 map100%和 reduce100%时，得出结果 18.75，运行过程如图 6-38 所示。

```
hive> select avg(nl) from xuesheng;
Query ID = hadoop_20200906153232_41bf14fb-20b3-493f-885a-2c921a21cb63
Total jobs = 1
Launching Job 1 out of 1
Number of reduce tasks determined at compile time: 1
In order to change the average load for a reducer (in bytes):
  set hive.exec.reducers.bytes.per.reducer=<number>
In order to limit the maximum number of reducers:
  set hive.exec.reducers.max=<number>
In order to set a constant number of reducers:
  set mapreduce.job.reduces=<number>
Starting Job = job_1599406407306_0001, Tracking URL = http://master:18088/proxy/application_1599406407306_0001/
Kill Command = /home/hadoop/hadoop-2.6.0-cdh5.6.0/bin/hadoop job  -kill job_1599406407306_0001
Hadoop job information for Stage-1: number of mappers: 1; number of reducers: 1
2020-09-06 15:32:42,859 Stage-1 map = 0%,  reduce = 0%
2020-09-06 15:32:52,598 Stage-1 map = 100%,  reduce = 0%, Cumulative CPU 2.41 sec
2020-09-06 15:33:03,120 Stage-1 map = 100%,  reduce = 100%, Cumulative CPU 4.27 sec
MapReduce Total cumulative CPU time: 4 seconds 270 msec
Ended Job = job_1599406407306_0001
MapReduce Jobs Launched:
Stage-Stage-1: Map: 1  Reduce: 1   Cumulative CPU: 4.27 sec   HDFS Read: 7064 HDFS Write: 6 SUCCESS
Total MapReduce CPU Time Spent: 4 seconds 270 msec
OK
18.75
Time taken: 42.165 seconds, Fetched: 1 row(s)
hive>
```

图 6-38　借助 Hive 内置函数实现求解

（5）复制表及其数据

复制表及其数据的命令是：create table 新表名 as select * from 已存在表。

将"xuesheng"表复制成新表，表名为"xuesheng111"，具体操作如下。

create table xuesheng111 as select * from xuesheng;

同样系统分别加载 map 和 reduce 过程，当体现 map100%和 reduce100%时，得出结果 18.75，

运行过程如图 6-39 所示。

```
hive> create table xuesheng111 as select * from xuesheng;
Query ID = hadoop_20200906154141_afd3e2c3-98b9-4a9f-905a-dd1009b9d7a5
Total jobs = 3
Launching Job 1 out of 3
Number of reduce tasks is set to 0 since there's no reduce operator
Starting Job = job_1599406407306_0002, Tracking URL = http://master:18088/proxy/
application_1599406407306_0002/
Kill Command = /home/hadoop/hadoop-2.6.0-cdh5.6.0/bin/hadoop job  -kill job_1599
406407306_0002
Hadoop job information for Stage-1: number of mappers: 1; number of reducers: 0
2020-09-06 15:41:37,348 Stage-1 map = 0%,  reduce = 0%
2020-09-06 15:41:45,742 Stage-1 map = 100%,  reduce = 0%, Cumulative CPU 1.25 se
c
MapReduce Total cumulative CPU time: 1 seconds 250 msec
Ended Job = job_1599406407306_0002
Stage-4 is selected by condition resolver.
Stage-3 is filtered out by condition resolver.
Stage-5 is filtered out by condition resolver.
Moving data to: hdfs://master:9000/user/hive/warehouse/xsgl.db/.hive-staging_hiv
e_2020-09-06_15-41-27_449_1554023201001844565-1/-ext-10001
Moving data to: hdfs://master:9000/user/hive/warehouse/xsgl.db/xuesheng111
Table xsgl.xuesheng111 stats: [numFiles=1, numRows=5, totalSize=60, rawDataSize=
55]
MapReduce Jobs Launched:
Stage-Stage-1: Map: 1   Cumulative CPU: 1.25 sec   HDFS Read: 2936 HDFS Write: 1
32 SUCCESS
Total MapReduce CPU Time Spent: 1 seconds 250 msec
OK
Time taken: 19.615 seconds
hive>
```

图 6-39　复制新表

（6）将内部表转换为外部表

将内部表转化为外部表的命令是：alter table tableA set TBLPROPERTIES('EXTERNAL'='true')。例如将"xuesheng"表转换为外部表，使用如下命令：

alter table 学生 set tblproperties("EXTERNAL"="TRUE");，如图 6-40 所示。

```
hive> alter table  xuesheng set tblproperties("EXTERNAL"="TRUE");
OK
Time taken: 0.147 seconds
```

图 6-40　将内部表转换为外部表

当查看表信息时，在 Table Type 行显示为 EXTERNAL_TABLE，表明转换成功，具体效果如图 6-41 所示。

（7）将外部表转换为内部表

将外部表转换为内部表的命令是：alter table 表名 set TBLPROPERTIES ('EXTERNAL'='false')。例如将外部表"xuesheng"表转换为内部表，具体操作如下：

alter table xuesheng set tblproperties("EXTERNAL"="FALSE");，运行效果如图 6-42 所示。

当再次查看表信息时，在 Table Type 行显示为 MANAGED_TABLE，表明转换成功，具体效果如图 6-43 所示。

```
hive> describe formatted xuesheng;
OK
# col_name              data_type               comment

name                    string
xb                      boolean
nl                      int

# Detailed Table Information
Database:               xsgl
Owner:                  hadoop
CreateTime:             Sun Sep 06 14:57:36 PDT 2020
LastAccessTime:         UNKNOWN
Protect Mode:           None
Retention:              0
Location:               hdfs://master:9000/user/hive/warehouse/xsgl.db/xuesheng
Table Type:             EXTERNAL_TABLE
Table Parameters:
        COLUMN_STATS_ACCURATE   false
        EXTERNAL                TRUE
        last_modified_by        hadoop
        last_modified_time      1599432917
        numFiles                1
        numRows                 -1
        rawDataSize             -1
        totalSize               54
        transient_lastDdlTime   1599432917

# Storage Information
```

图 6-41　查看转换外部表后的信息

```
hive> alter table xuesheng set TBLPROPERTIES('EXTERNAL'='false');
OK
Time taken: 0.1 seconds
```

图 6-42　转换外部表为内部表

```
hive> describe formatted xuesheng;
OK
# col_name              data_type               comment

name                    string
xb                      boolean
nl                      int

# Detailed Table Information
Database:               xsgl
Owner:                  hadoop
CreateTime:             Sun Sep 06 14:57:36 PDT 2020
LastAccessTime:         UNKNOWN
Protect Mode:           None
Retention:              0
Location:               hdfs://master:9000/user/hive/warehouse/xsgl.db/xuesheng
Table Type:             MANAGED_TABLE
Table Parameters:
        COLUMN_STATS_ACCURATE   false
        EXTERNAL                false
        last_modified_by        hadoop
        last_modified_time      1599433511
        numFiles                1
        numRows                 -1
        rawDataSize             -1
        totalSize               54
        transient_lastDdlTime   1599433511

# Storage Information
```

图 6-43　查看外部表转换为内部表

项目6 习题答案　　　　项目6 线上习题+答案

一、填空题

1. Hive 没有专门的数据格式，是基于 Hadoop 的一个_____。
2. Hive 支持原子数据类型和_____两种。
3. Hive 安装前需要先安装_____。
4. Hive 的_____表，当删除表的时候，会删除元数据和数据的表。
5. 分区表分为_____和动态分区两种。

二、选择题

1. Hive 的特点是（　　）。
   A. 可扩展性　　　　　　　　B. 可延展性
   C. 良好的容错性　　　　　　D. 以上都正确
2. Hive 的外部表特性是（　　）。
   A. 删除元数据　　　　　　　B. 只删除元数据，不删除数据的表
   C. 只删除数据的表　　　　　D. 既删除元数据，又删除数据的表
3. Hive（　　）就是在系统上建立文件夹，把分类数据放在不同文件夹下面，以便加快查询速度。
   A. 内部表　　　　　　　　　B. 外部表
   C. 分区表　　　　　　　　　D. 分桶表
4. Hive 复杂数据类型包括（　　）。
   A. tinyint、int、bigint　　　　B. 整型、实型
   C. int、数组、映射　　　　　D. 数组、映射、结构体
5. Hive 表分为（　　）种。
   A. 2　　　　　　　　　　　 B. 3
   C. 4　　　　　　　　　　　 D. 5

三、简答题

1. 简述 Hive 的特点。
2. 简述 Hive 的安装过程。
3. Hive 表的分类有哪些？
4. Hive 的数据类型有哪些？
5. Hive 分区表和分桶表的区别是什么？

项目 7 Hadoop 数据库 HBase

学习目标

1. HBase 简介。
2. HBase 工作原理。
3. HBase 安装及配置。
4. HBase 应用。

思政与职业素养目标

1. 通过学习和熟悉 HBase，培养学生高效处理问题的能力。
2. 处理 HBase 与 Hadoop 和 Zookeeper 兼容性问题，使学生明白"人与人相处在于真，情与情相守在于心"，需要真诚待人接物。
3. 通过 HBase 伪分布式安装及配置的 9 个步骤，完全分布式集群模式安装的 11 个操作步骤的学习和实践，引导学生做事要知道先后顺序的逻辑，要带着"为什么这样做"的态度拓宽知识面并应该积极参与学校组织的各类竞赛、团体活动等，发展多元能力。
4. 理解学习"表是行的集合、行是列族的集合、列族是列的集合、列是键值对的集合"的含义，增强学生的自信心和执行力。

任务 1 HBase 安装配置基础

HBase 是建立在 Hadoop 文件系统之上的分布式面向列的数据库，是一种类似于数据库的存储层，即适用于结构化的存储。并且 HBase 是一种列式的分布式数据库，是一个开源项目，可以在较大的表中实现快速查找，提供对数据的随机实时读/写访问，是 Hadoop 文件系统的一部分。

相关知识

7.1.1 HBase 简介

HBase（Hadoop Database）是一个高可靠性、高性能、面向列、可伸缩的分布式存储系统、开源数据库，是 Hadoop 的标准数据库，也是一款比较流行的 NoSQL 数据库。HBase 是 Apache 的 Hadoop 项目的子项目，来源于 FayChang 所撰写的 Google 论文"Bigtable：一个结构化数据的分布式存储系统"。HBase 不同于一般的关系数据库，它是一个适合于非结构化数据存储的数据库，主要解决非关系型数据存储问题，弱化了传统的表结构，而是采取 Column Family（常译为列族/列簇）来对数据进行分类。通常 HBase 的一个列族包含多个列，一个列族的多个列之间通常也具有相似或同种类别的关系，所以列族可以看作是某种分类（归类）。

HBase 官方网站：http://hbase.apache.org/。官方文档：http://abloz.com/hbase/book.html。

7.1.2 HBase 发展历史

HBase 由 PowerSet 的 Chad Walters 和 Jim Kellerman 于 2006 年底发起，到 2008 年成为 Apache Hadoop 的一个子项目，它的发展历程如表 7-1 所示。

表 7-1 HBase 的发展历程

年份	事件
2006.10	谷歌公布 BigTable 文件
2007.4	最初的 HBase 原型创建由 Hadoop 实现
2007.10	随着 Hadoop 0.15.0，第一个可用的 HBase 也发布了
2008.1	HBase 成为 Hadoop 的子项目
2008.10	HBase0.18.1 发布
2009.1	HBase0.19 发布
2009.9	HBase0.20.0 发布
2010.5	HBase 成为 Apache 的顶级项目

7.1.3 HBase 基本概念

（1）行键（Row Key）

行键（Row Key）是用来检索记录的主键，访问 HBase 表中的行。行键可以是任意字符串（最大长度是 64KB，实际应用长度一般为 10~100bytes）。

访问 HBase 表中的行，只有三种方式。

① 通过单个 Row Key 访问。

② 通过 Row Key 的 range 全表扫描。

③ 行键可以使用任意字符串（最大长度是 64KB，实际应用长度一般为 10～100bytes），在 HBase 内部，Row Key 保存为字节数组。

在存储时，数据按照 Row Key 的字典序（byte order）排序存储。设计 Key 时，要充分注意排序存储这个特性，将经常一起读取的行存储到一起。

（2）表（Table）

HBase 表类似于关系型数据库中的表，即数据行的集合。表名用字符串表示，一个表可以包含一个或者多个分区（region）。

（3）单元（Cell）

HBase 中通过行键（row）、列族、列修饰符、数据和时间戳组合起来确定的一个存储单元称为 Cell。这里的行键、列族、列修饰符和时间戳其实可以看作是定位属性（类似坐标），最终确定了一个数据。

（4）列族（Column Family）

列族，是列的修饰符，是在创建表时声明的，而且没有数据类型。一个列族中的所有列成员都有着相同的前缀。例如，students:xm，students:english 等，用冒号分隔列族名和列名。

表在水平方向由一个或者多个 Column Family 组成。一个 Column Family 中可以由任意多个 Column 组成，即 Column Family 支持动态扩展，不用预先定义 Column 的数量以及类型，所有 Column 均以二进制格式存储，用户可以根据需要进行类型转换。

（5）列限定符（Column Qualifier）

每个列族可以有任意个列限定符，用来标识不同的列，这个列也类似于关系型数据库表的一列。与关系型数据库不同的是列不需要在表创建时指定，可以在需要使用时动态增加。

（6）时间戳

HBase 的单元（Cell）在存储的时候，都保存着同一份数据的多个版本。版本通过时间戳来标识，不同版本的数据按照时间倒序排序，即最新的数据排在最前面，时间戳的类型是 64 位整型。时间戳可以由 HBase（在数据写入时自动）赋值，是精确到毫秒的当前系统时间。时间戳也可以由客户显示赋值。如果应用程序要避免数据版本冲突，就必须自己生成具有唯一性的时间戳。

（7）分区（Region）

当表中的数据量过大时，通常会对表做分库分表操作。分区是集群中高可用、动态扩展、负载均衡的最小单元，一个表可以分为任意个分区并且均衡分布在集群中的每台机器上。分区按行键分片，可以在创建表的时候预先分片，也可以在之后需要的时候调用 HBase shell 命令行或者 API 动态分片。

7.1.4 HBase 特点

（1）面向列

面向列簇存储和权限访问，列和列簇可以独立索引，方便实现快速定位。

（2）数据类型单一

数据类型都是字符串类型，存储的数据都是字符串，方便统一存储和访问。

（3）结构多样

每一行都有一个可以排序的主键和任意多的列。列可以根据需要动态增加或减少，同一张表中不同的行可以有截然不同的列。

（4）容量大

一个表，记录可以存储上万行，上百万、甚至上亿列，方便访问和扩展。

（5）稀疏

对于 null（空值）的列不占用存储空间，因而表的设计很稀疏。

（6）无固定模式

介于关系型和非关系型数据库之间，实现非结构化和半结构化的数据存储。数据可以存储在一张表中，不需要进行规范化操作，避免在查询数据信息时实现如关系型数据库的多表之间查询、连接等操作带来的时间延时，可以节省大量的时间。

（7）数据多版本

每个单元中的数据可以有多个版本，默认情况下，版本号自动分配，版本号就是单元格插入时的时间戳。为了避免数据存在过多版本造成的管理（包括存储和索引）负担，HBase 提供了两种数据版本回收方式：一是保存数据的最后 n 个版本，二是保存最近一段时间内的版本（比如最近七天）。用户可以针对每个列族进行设置。

（8）索引简单

HBase 只支持简单的行键索引，不需要复杂地设置主索引、二级索引就可以实现存储和查询操作。

（9）方便维护数据

当数据需要更新或者修改时，HBase 会利用时间戳来记录更新或者修改的新数据，而之前的原始数据依旧存储在表中，直到存储到一定程度时或者超过生命周期才被清理，这样便于查找历史数据。

7.1.5　HBase 安装前的准备

（1）下载 HBase 安装包

① HBase 安装包可以从官网下载镜像文件，如图 7-1 所示。

图 7-1　HBase 官网下载界面

② 单击 HTTP 下面的链接，打开 HBase 的版本选择界面，如图 7-2 所示。

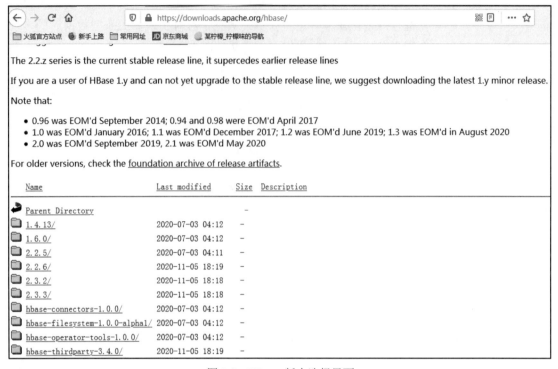

图 7-2　HBase 版本选择界面

③ 考虑 HBase 与 Hadoop 和 Zookeeper 兼容性问题，这里选择下载 HBase1.6.0 版本，因此单击选择 1.6.0/，系统打开下载文件类型选项，如图 7-3 所示。

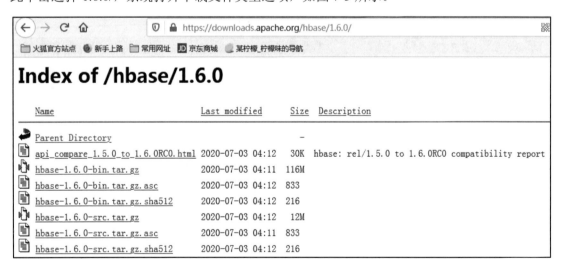

图 7-3　hbase1.6.0 文件类型选择界面

④ 选择 hbase-1.6.0-bin.tar.gz 类型文件，系统打开如图 7-4 所示的保存窗口。
⑤ 单击"确定"按钮开始下载并保存。
（2）下载 Zookeeper
具体参见项目 8 的任务 2。

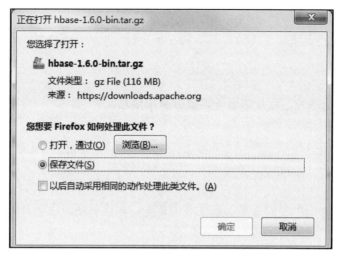

图 7-4　保存文件窗口

任务 2　HBase 多种模式安装

任务描述

HBase 安装也有三种模式，通常根据需要选择伪分布式模式和分布式集群模式安装。在伪分布式模式或者分布式集群模式安装前均需要成功安装 Hadoop 和 Zookeeper。这里 Hadoop 的安装可以参照项目 3 的任务 3，Zookeeper 的安装参照项目 8 的任务 3。

相关知识

7.2.1　HBase 安装模式

HBase 的安装有三种模式：单机模式、伪分布式模式和分布式模式。单机模式就是部署在一台机器上，只要在一台机器上正确安装了 HBase 就等于实现了单机模式的安装。伪分布式安装需要建立在 Hadoop 的 HDFS 文件系统上，通过底层的 HDFS 存储数据。而分布式存储属于在多台机器上实现完全分布式存储。

7.2.2　HBase 常用命令

（1）启动集群命令

```
bin/start-hbase.sh
```

用于启动 HBase 集群，开始集群工作。

（2）查看服务器状态

```
status
```

用于返回包括在系统上运行的服务器集群基本信息。

（3）查看当前用户

```
whoami
```

用于返回 HBase 用户详细信息，执行这个命令，系统则返回当前 HBase 用户。

（4）查看当前所有命名空间

```
list_namespace
```

（5）退出

```
Hbase Shell
```

用于退出 hbase shell 状态，并没有关闭 HBase 集群服务功能。当然退出后完全可以重新再次进入集群工作状态。

（6）关闭 HBase 集群

```
shutdown
```

用于关闭 HBase 集群，如果想再次进入集群，则必须重新启动 HBase 才可以恢复。

（7）HBase 版本信息

```
version
```

用于返回 HBase 系统使用的版本。

 任务实现

7.2.3 HBase 伪分布式安装及配置

HBase 伪分布式集群模式安装通常需要实现以下 9 个操作步骤。

① 安装 Hadoop 集群。
② 安装 Zookeeper。
③ 安装 HBase。

④ 配置 hbase-site.xml。

⑤ 配置 hbase-env.sh。

⑥ 配置环境变量。

⑦ 启动 Hadoop 集群。

⑧ 启动 Zookeeper 集群。

⑨ 启动 Hbase。

HBase 伪分布式集群模式安装前需要系统已经成功安装了 Hadoop 集群和 Zookeeper 集群。Hadoop 集群和 Zookeeper 的安装可以分别参见项目 3 和项目 8。这里 Hadoop 选择 hadoop-2.6.0-cdh5.6.0.tar.gz，Zookeeper 选择 apache-zookeeper-3.5.8-bin.tar.gz，Java 选择的是 1.8.0 的版本。

HBase 伪分布式集群模式安装的具体实现过程如下。

① 在主机 master 终端，输入命令 mkdir hbase 创建 hbase 文件夹，如图 7-5 所示，用于将准备好的 HBase 安装包拷贝到此文件夹中。

```
hadoop@master:~/hbase
File  Edit  View  Search  Terminal  Help
[hadoop@master ~]$ mkdir hbase
[hadoop@master ~]$ ll
total 303720
-rw-rw-r--.  1 hadoop hadoop       646 Sep  8 01:14 derby.log
drwxr-xr-x.  3 hadoop hadoop      4096 Nov 15 08:21 Desktop
drwxr-xr-x.  2 hadoop hadoop      4096 Sep  1 10:57 Documents
drwxr-xr-x.  2 hadoop hadoop      4096 Sep  1 10:57 Downloads
drwxr-xr-x. 15 hadoop hadoop      4096 Sep  1 14:27 hadoop-2.6.0-cdh5.6.0
-rwxrwxr-x.  1 hadoop hadoop 310935369 Sep  1 13:12 hadoop-2.6.0-cdh5.6.0.tar.gz
drwxrwxr-x.  3 hadoop hadoop      4096 Sep  1 14:52 hadoopdata
drwxrwxr-x.  2 hadoop hadoop      4096 Nov 15 08:38 hbase
drwxrwxr-x.  3 hadoop hadoop      4096 Nov 13 06:29 java
-rw-rw-r--.  1 hadoop hadoop        54 Sep  6 14:53 jiazaidata.txt
drwxrwxr-x.  5 hadoop hadoop      4096 Sep  8 01:14 metastore_db
drwxr-xr-x.  2 hadoop hadoop      4096 Sep  1 10:57 Music
drwxr-xr-x.  2 hadoop hadoop      4096 Sep  1 10:57 Pictures
drwxr-xr-x.  2 hadoop hadoop      4096 Sep  1 10:57 Public
drwxr-xr-x.  2 hadoop hadoop      4096 Sep  1 10:57 Templates
drwxr-xr-x.  2 hadoop hadoop      4096 Sep  1 10:57 Videos
-rw-------.  1 hadoop hadoop      1675 Nov  6 13:40 yes
-rw-r--r--.  1 hadoop hadoop       395 Nov  6 13:40 yes.pub
drwxrwxr-x.  3 hadoop hadoop      4096 Nov 13 14:32 zookeeper
```

图 7-5 创建 hbase 文件夹

② 输入命令 cd hbase 进入 hbase 文件夹，并输入命令 cp /home/hadoop/Desktop/hbase-1.6.0-bin.tar.gz ./，将 HBase 安装包拷贝到此文件夹中，如图 7-6 所示。

```
[hadoop@master hbase]$ ll
total 118652
-rwxrwxr-x. 1 hadoop hadoop 121498244 Nov 15 12:24 hbase-1.6.0-bin.tar.gz
[hadoop@master hbase]$ 
```

图 7-6 拷贝 HBase 安装包到指定文件夹中

③ 输入命令 tar –zxvf hbase-1.6.0-bin.tar.gz，解压并安装 HBase，如图 7-7 所示。

④ 输入命令 ll，查看解压安装后的 hbase 目录，如图 7-8 所示。

⑤ 输入命令 cd hbase-1.6.0，并查看当前目录下的文件，如图 7-9 所示。

Hadoop大数据开发基础项目化教程

```
                    hadoop@master:~/hbase              _ □ ×
 File  Edit  View  Search  Terminal  Help
hbase-1.6.0/lib/slf4j-log4j12-1.7.25.jar
hbase-1.6.0/lib/hadoop-mapreduce-client-jobclient-2.8.5.jar
hbase-1.6.0/lib/hadoop-mapreduce-client-common-2.8.5.jar
hbase-1.6.0/lib/hadoop-yarn-client-2.8.5.jar
hbase-1.6.0/lib/hadoop-yarn-server-common-2.8.5.jar
hbase-1.6.0/lib/hadoop-mapreduce-client-shuffle-2.8.5.jar
hbase-1.6.0/lib/hadoop-yarn-server-nodemanager-2.8.5.jar
hbase-1.6.0/lib/hbase-metrics-api-1.6.0.jar
hbase-1.6.0/lib/hbase-metrics-1.6.0.jar
hbase-1.6.0/lib/metrics-core-3.1.2.jar
hbase-1.6.0/lib/hbase-resource-bundle-1.6.0.jar
hbase-1.6.0/lib/jackson-mapper-asl-1.9.13.jar
hbase-1.6.0/lib/jackson-core-asl-1.9.13.jar
hbase-1.6.0/lib/hbase-hbtop-1.6.0.jar
hbase-1.6.0/lib/commons-lang3-3.8.1.jar
hbase-1.6.0/lib/findbugs-annotations-1.3.9-1.jar
hbase-1.6.0/lib/log4j-1.2.17.jar
hbase-1.6.0/lib/junit-4.12.jar
hbase-1.6.0/lib/jasper-compiler-5.5.23.jar
hbase-1.6.0/lib/jasper-runtime-5.5.23.jar
hbase-1.6.0/lib/commons-el-1.0.jar
hbase-1.6.0/lib/api-i18n-1.0.0-M20.jar
hbase-1.6.0/lib/spymemcached-2.11.6.jar
[hadoop@master hbase]$
```

图 7-7　解压并安装 HBase

```
[hadoop@master hbase]$ ll
total 118656
drwxrwxr-x. 7 hadoop hadoop      4096 Nov 15 12:27 hbase-1.6.0
-rwxrwxr-x. 1 hadoop hadoop 121498244 Nov 15 12:24 hbase-1.6.0-bin.tar.gz
[hadoop@master hbase]$
```

图 7-8　查看加压安装后的 hbase 目录

```
[hadoop@master hbase-1.6.0]$ ll
total 872
drwxr-xr-x.  4 hadoop hadoop   4096 Jan  5  2020 bin
-rw-r--r--.  1 hadoop hadoop 258377 Jan  5  2020 CHANGES.txt
drwxr-xr-x.  2 hadoop hadoop   4096 Nov 15 12:46 conf
drwxr-xr-x. 12 hadoop hadoop   4096 Jan  5  2020 docs
drwxr-xr-x.  7 hadoop hadoop   4096 Jan  5  2020 hbase-webapps
-rw-r--r--.  1 hadoop hadoop    262 Jan  5  2020 LEGAL
drwxrwxr-x.  3 hadoop hadoop  12288 Nov 15 12:28 lib
-rw-r--r--.  1 hadoop hadoop 143083 Jan  5  2020 LICENSE.txt
-rw-r--r--.  1 hadoop hadoop 448489 Jan  5  2020 NOTICE.txt
-rw-r--r--.  1 hadoop hadoop   1477 Jan  5  2020 README.txt
```

图 7-9　查看 hbase-1.6.0 目录下的文件

⑥ 输入 cd conf，查看 conf 目录下的配置文件，如图 7-10 所示。

```
[hadoop@master conf]$ ll
total 44
-rw-r--r--. 1 hadoop hadoop 1811 Jan  5  2020 hadoop-metrics2-hbase.properties
-rw-r--r--. 1 hadoop hadoop 4616 Jan  5  2020 hbase-env.cmd
-rw-r--r--. 1 hadoop hadoop 7751 Nov 15 12:32 hbase-env.sh
-rw-r--r--. 1 hadoop hadoop 2257 Jan  5  2020 hbase-policy.xml
-rw-r--r--. 1 hadoop hadoop 1128 Nov 15 12:46 hbase-site.xml
-rw-r--r--. 1 hadoop hadoop 1169 Jan  5  2020 log4j-hbtop.properties
-rw-r--r--. 1 hadoop hadoop 4949 Jan  5  2020 log4j.properties
-rw-r--r--. 1 hadoop hadoop   10 Jan  5  2020 regionservers
```

图 7-10　查看 conf 目录下的配置文件

⑦ 输入命令 vi hbase-site.xml，编辑并修改文件，如图 7-11 所示，修改后保存并退出编辑环境。

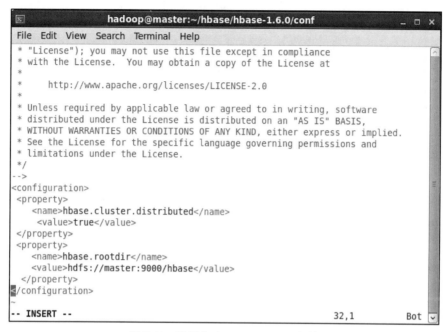

图 7-11　编辑修改 hbase-site.xml 文件

⑧ 输入命令 vi hbase-env.sh，编辑并修改配置文件，如图 7-12 所示，修改后保存并退出编辑环境。

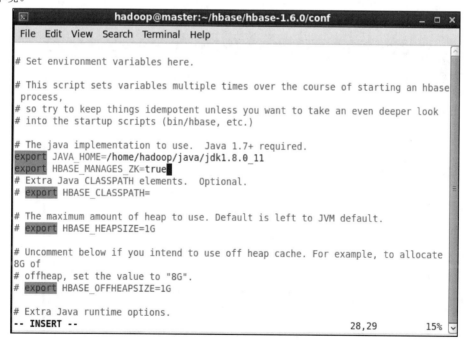

图 7-12　配置 hbase-env.sh 文件

⑨ 输入命令 vi ~/.bash_profile，编辑 HBase 的环境变量，如图 7-13 所示。

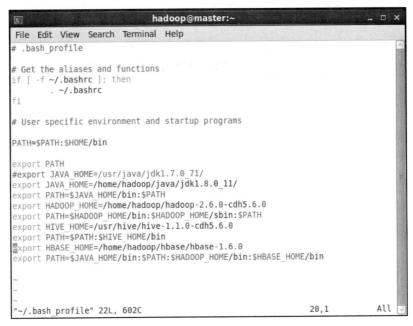

图 7-13　配置环境变量

⑩ 输入命令 source ~/.bash_profile，确认生效。

到此，安装并配置 HBase 已经完成。启动 HBase 前需要先启动 Hadoop 和 Zookeeper。

⑪ 输入命令 start-all.sh，成功启动 HDFS。

⑫ 输入命令 zkServer.sh start，成功启动 Zookeeper，

⑬ 输入命令 start-hbase.sh，启动伪分布式 HBase，系统开始加载并启动 HBase，如图 7-14 所示。

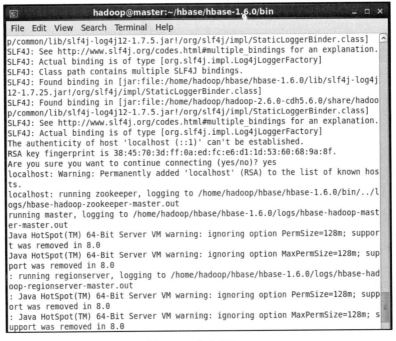

图 7-14　启动 HBase

⑭ 输入命令 jps，查看成功启动 HBase 的进程，如图 7-15 所示。使用 jps 命令可以看到启动了一个称为 HMaster、HRegionServer 以及 ZooKeeper 的守护进程。

```
[hadoop@master sbin]$ jps
2400 NameNode
3317 HMaster
3430 Jps
3035 DataNode
2556 SecondaryNameNode
2702 ResourceManager
3135 QuorumPeerMain
```

图 7-15 成功启动 HBase 后的进程

⑮ 输入命令 hbase shell，可以启动进入 HBase 工作界面，如图 7-16 所示。

```
[hadoop@master bin]$ hbase shell
SLF4J: Class path contains multiple SLF4J bindings.
SLF4J: Found binding in [jar:file:/home/hadoop/hbase/hbase-1.6.0/lib/slf4j-log4j
12-1.7.25.jar!/org/slf4j/impl/StaticLoggerBinder.class]
SLF4J: Found binding in [jar:file:/home/hadoop/hadoop-2.6.0-cdh5.6.0/share/hadoo
p/common/lib/slf4j-log4j12-1.7.5.jar!/org/slf4j/impl/StaticLoggerBinder.class]
SLF4J: See http://www.slf4j.org/codes.html#multiple_bindings for an explanation.
SLF4J: Actual binding is of type [org.slf4j.impl.Log4jLoggerFactory]
2020-11-15 14:02:28,649 WARN  [main] util.NativeCodeLoader: Unable to load nativ
e-hadoop library for your platform... using builtin-java classes where applicabl
e
HBase Shell
Use "help" to get list of supported commands.
Use "exit" to quit this interactive shell.
Version 1.6.0, r5ec5a5b115ee36fb28903667c008218abd21b3f5, Fri Feb 14 12:00:03 PS
T 2020

hbase(main):001:0>
```

图 7-16 成功进入 HBase 工作状态

7.2.4 HBase 完全分布式安装及配置

HBase 完全分布式安装时需要部署在已经成功安装 Hadoop 集群和 Zookeeper 集群的平台上。因此下面将在 Hadoop 的完全分布式集群和 Zookeeper 完全分布式集群安装完成的基础上，在主机 Master 和从机 slave1、slave2 节点上分别进行安装，即主节点上安装和配置 Hadoop+JDK+Zookeeper+HBase，从节点上安装和配置 JDK+Zookeeper+HBase。这里 Hadoop 选择 Hadoop-2.6.0-cdh5.6.0.tar.gz，Zookeeper 选择 apache-zookeeper-3.5.8-bin.tar.gz，Java 选择的是 1.8.0 的版本。

HBase 完全分布式集群模式安装通常需要实现以下 11 个操作步骤。

① 安装 Hadoop 集群。
② 安装 Zookeeper。
③ 安装 HBase。
④ 配置 hbase-site.xml。
⑤ 配置 hbase-env.sh。

⑥ 配置环境变量。
⑦ 配置 regionservers。
⑧ 将配置好的 hbase 上传到从机。
⑨ 启动 Hadoop 集群。
⑩ 启动 Zookeeper 集群。
⑪ 启动 HBase。

HBase 完全分布式集群模式安装的①~③步骤可以参照伪分布式安装，在此从步骤④开始阐述，具体实现过程如下。

① 在主机 master 终端，输入命令 cd /home/hadoop/hbase/hbase-1.6.0/conf/，切换到 HBase 安装的配置文件目录。

② 输入命令 vi hbase-site.xml，配置相关文件信息，如图 7-17 所示，保存并退出编辑环境。

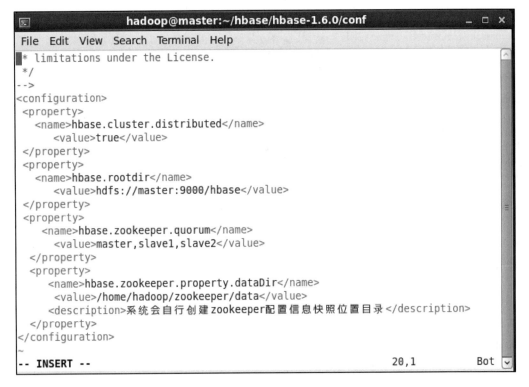

图 7-17 配置 hbase-site.xml 文件

③ 输入命令 vi hbase-env.sh，配置参数如图 7-18 所示，保存并退出编辑环境。
④ 输入命令 vi ~/.bash_profile，编辑、配置 HBase 的环境变量，如图 7-13 所示。
⑤ 输入命令 vi regionservers，配置从机信息，如图 7-19 所示，保存并退出编辑环境。
⑥ 输入命令 scp -r /home/hadoop/hbase/ hadoop@slave1:/home/hadoop/hbase/，将主机的 HBase 安装和配置信息传递给从机 slave1，传递成功的过程如图 7-20 所示。

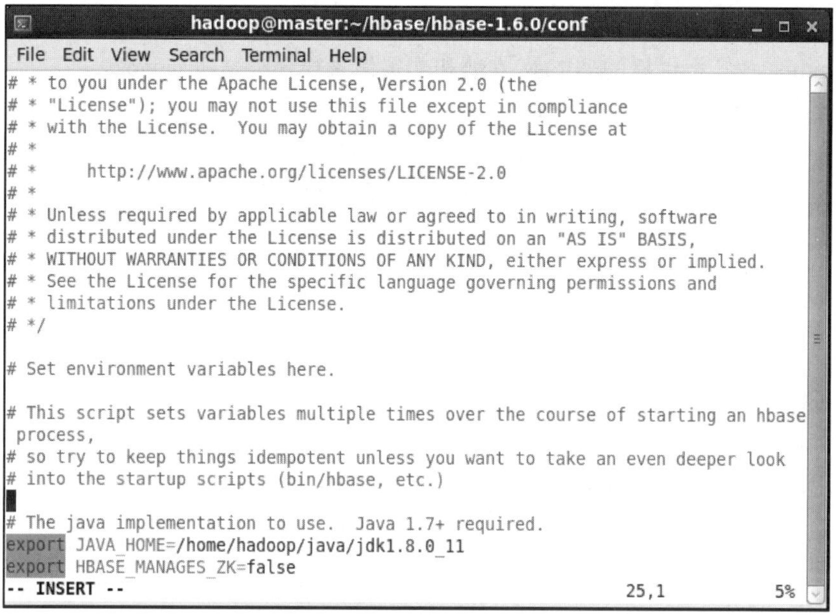

图 7-18 配置 hbase-env.sh 参数

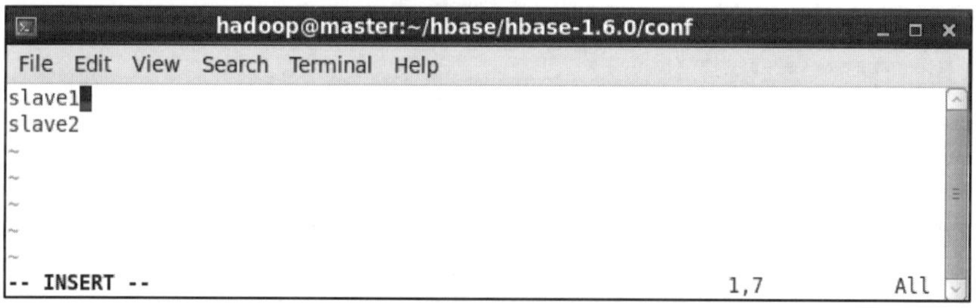

图 7-19 配置从机信息

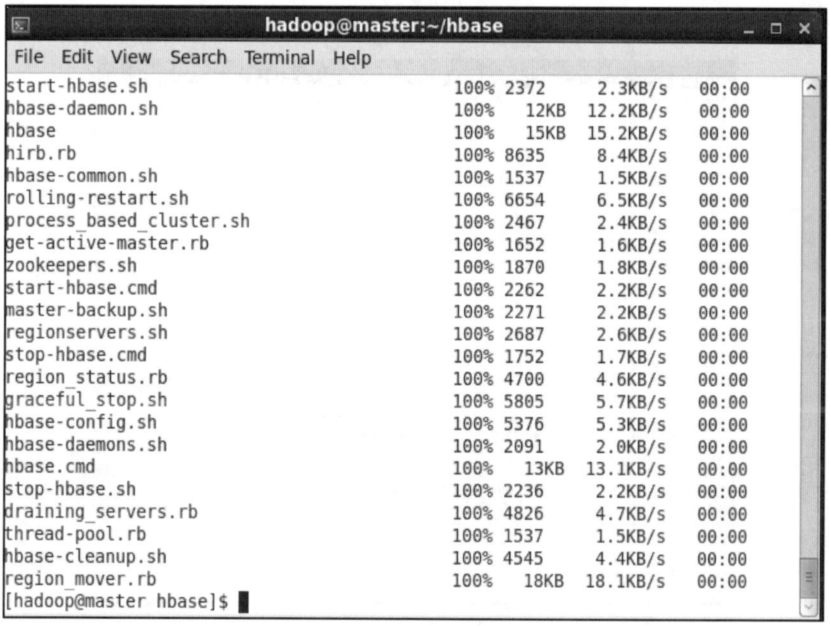

图 7-20 将主机的 HBase 安装和配置信息成功传递给从机 slave1

同理，再次利用同样的方法，输入命令 scp -r /home/hadoop/hbase/ hadoop@slave2:/home/hadoop/hbase/，将主机的 HBase 安装和配置信息传递给从机 slave2。

⑦ 输入命令 start-all.sh 启动 Hadoop。

⑧ 在主机、从机依次启动 Zookeeper。

⑨ 输入命令 start-hbase.sh，启动 HBase，查看主机、从机的 jps 进程，如图 7-21 所示。

```
[hadoop@master ~]$ jps
3521 NameNode
4739 QuorumPeerMain
3705 SecondaryNameNode
3849 ResourceManager
4924 HMaster
5039 Jps
[hadoop@master ~]$
```

（a）主机 master 的进程

```
[hadoop@slave1 bin]$ jps
3747 QuorumPeerMain
3045 NodeManager
4039 Jps
3850 HRegionServer
2938 DataNode
[hadoop@slave1 bin]$
```

（b）从机 slave1 的进程

```
[hadoop@slave2 bin]$ jps
4020 Jps
2935 NodeManager
3737 QuorumPeerMain
2828 DataNode
3823 HRegionServer
[hadoop@slave2 bin]$
```

（c）从机 slave2 的进程

图 7-21　查看主机、从机的 jps 进程

⑩ 输入命令 hbase shell，成功进入 HBase 的 shell 工作界面，如图 7-22 所示。

```
hadoop@master:~/hbase
File Edit View Search Terminal Help
[hadoop@master hbase]$ jps
2672 SecondaryNameNode
2849 ResourceManager
2514 NameNode
3317 HMaster
3432 Jps
3133 QuorumPeerMain
[hadoop@master hbase]$ hbase shell
SLF4J: Class path contains multiple SLF4J bindings.
SLF4J: Found binding in [jar:file:/home/hadoop/hbase-1.6.0/lib/slf4j-log
4j12-1.7.25.jar!/org/slf4j/impl/StaticLoggerBinder.class]
SLF4J: Found binding in [jar:file:/home/hadoop/hadoop-2.6.0-cdh5.6.0/share/had
oop/common/lib/slf4j-log4j12-1.7.5.jar!/org/slf4j/impl/StaticLoggerBinder.clas
s]
SLF4J: See http://www.slf4j.org/codes.html#multiple_bindings for an explanatio
n.
SLF4J: Actual binding is of type [org.slf4j.impl.Log4jLoggerFactory]
2020-11-16 14:35:40,814 WARN  [main] util.NativeCodeLoader: Unable to load nat
ive-hadoop library for your platform... using builtin-java classes where appli
cable
HBase Shell
Use "help" to get list of supported commands.
Use "exit" to quit this interactive shell.
Version 1.6.0, r5ec5a5b115ee36fb28903667c008218abd21b3f5, Fri Feb 14 12:00:03
PST 2020

hbase(main):001:0>
```

图 7-22　进入 HBase 的 shell 工作界面

任务 3　HBase 创建用户表

任务描述

在 HBase 中都是以表的形式描述数据，不存在多个数据库。因此，在 HBase 中存储数据时，需要先创建表，并且创建表的同时需要设置列族的数量和属性。

相关知识

7.3.1　HBase 数据模型

HBase 数据存储分为逻辑存储模型和物理存储模型两种。

（1）逻辑存储模型

HBase 以表的形式存储数据，表由行和列组成。列划分为若干个列簇。

【案例 7-1】　为了描述毕业生求职信息，填写个人信息通常需要包括个人基本信息、教育经历信息和实践工作经历信息等，用 HBase 的逻辑存储模型描述，如表 7-2 所示。

表 7-2　HBase 逻辑存储结构

Row Key	Time Stamp	Column Family:A			Column Family:B			Column Family:C		
		A:Column1	A:Column2	…	B:Column1	B:Column2	…	C:Column1	C:Column2	…
"RK001"	T2									
"RK001"	T1									

表 7-2 中各项信息说明如下：

① Row Key 即行键，表 7-2 中包含行键值为 RK001 的两行信息。

② Time Stamp 即时间戳，表 7-2 中包含 T2、T1 两个时间戳值。

③ Column Family:A 即第一个列族，表 7-2 中 A 包含 A:Column1、A:Column2 等列修饰符。同理 Column Family:B、Column Family:C 就是第二个列族、第三个列族。

（2）物理存储模型

HBase 物理存储模型是实际存储的模型。HBase 是一个列式存储数据库，数据按列族聚簇存储在存储文件（Store File）中，空白的列单元格不会被存储。

【案例 7-2】　将【案例 7-1】毕业生求职信息的逻辑存储转换为物理存储，则可以描述为表 7-3 所示。

表 7-3　HBase 物理存储结构

Row Key	Time Stamp	列	数据
"RK001"	T3	grxx:xm	张三
"RK001"	T2	grxx:xb	男
"RK001"	T2	grxx:nl	20
"RK001"	T1	……	……
"RK001"	T2	jyjl:xx	××小学
"RK001"	T1	jyjl:zx	××中学
"RK001"	T2	jyjl:dx	××大学
"RK001"	T2	……	……
"RK001"	T1	sgzjl:company1	××公司1
"RK001"	T1	sgzjl:company2	××公司2
"RK001"	T1	……	……

7.3.2　HBase 存储机制

HBase 是一个面向列的数据库，在表中它由行排序。表模式定义以键值对方式的列簇，一个表有多个列族以及每一个列族可以有任意数量的列。后续列的值连续地存储在磁盘上，表中每个单元格的值都具有时间戳。

一个 HBase 中，表是行的集合、行是列族的集合、列族是列的集合、列是键值对的集合。

7.3.3　HBase 存储架构

HBase 隶属于 Hadoop 生态系统，采用主/从架构搭建集群。HBase 中的存储包括 HMaster、HRegionServer、HRegion、Store、MemStore、StoreFile、HFile、HLog 等。HBase 存储架构如图 7-23 所示。

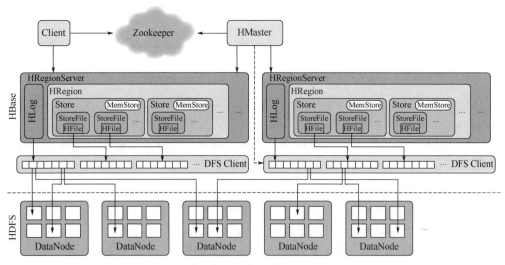

图 7-23　HBase 存储架构

7.3.4 HBase 表的基本命令

创建表、修改表以及显示表相关的信息等操作，通常都是借助一些命令实现。数据表的常用命令如表 7-4 所示。

表 7-4 HBase 数据表的常用命令

命令	含义
create	创建表
describe	获取表的描述信息
disable/ enable	为了删除/修改表而禁用一个表，更改后再解禁表
disable_all	禁用所有的表，可以使用正则表达式匹配表
drop	删除表
Is_disable	判断一个表是否被禁用

任务实现

7.3.5 创建用户表

HBase 数据库默认的客户端程序是 HBase Shell，它是一个命令行工具。用户可以使用 HBase Shell，通过命令行的方式与 HBase 进行交互。HBase Shell 是一个封装了 Java 客户端 API 的一类应用软件，在 HBase 的 HMaster 主机上通过命令行输入 hbase shell，即可进入 HBase 命令行环境，如图 7-16 所示。

HBase 使用 creat 命令来创建表，创建表时需要指明表名和列族名。HBase 创建表的语法如下：

```
create '<table name>', '<column family>'
```

（1）默认列族参数

将【案例 7-2】的毕业生求职信息创建表 Grade_Student。具体操作步骤如下。

① 启动 HBase。

② 输入命令 create 'Grade_Student','grxx','jyjl','gzjl'，此命令创建了名为 Grade_Student 的表，如图 7-24 所示表示创建成功。

```
hbase(main):002:0> create 'Grade_Student','grxx','jyjl','gzjl'
0 row(s) in 4.3910 seconds

=> Hbase::Table - Grade_Student
hbase(main):003:0>
```

图 7-24 在 HBase 中创建 Grade_Studen 表

该表包含三个列族，分别为 grxx、jyjl、sgzjl。命令中没有对表的列族参数进行定义，因此使用的都是默认参数。

③ 输入命令 describe 'Grade_Student',查看 Grade_Student 表详细结构,包括所有的列族、每个列族的参数信息,如图 7-25 所示。

```
hbase(main):003:0> describe 'Grade_Student'
Table Grade_Student is ENABLED
Grade_Student
COLUMN FAMILIES DESCRIPTION
{NAME => 'grxx', BLOOMFILTER => 'ROW', VERSIONS => '1', IN_MEMORY => 'false', KEEP_DELETED_CELLS => 'FAL
SE', DATA_BLOCK_ENCODING => 'NONE', TTL => 'FOREVER', COMPRESSION => 'NONE', MIN_VERSIONS => '0', BLOCKC
ACHE => 'true', BLOCKSIZE => '65536', REPLICATION_SCOPE => '0'}
{NAME => 'gzjl', BLOOMFILTER => 'ROW', VERSIONS => '1', IN_MEMORY => 'false', KEEP_DELETED_CELLS => 'FAL
SE', DATA_BLOCK_ENCODING => 'NONE', TTL => 'FOREVER', COMPRESSION => 'NONE', MIN_VERSIONS => '0', BLOCKC
ACHE => 'true', BLOCKSIZE => '65536', REPLICATION_SCOPE => '0'}
{NAME => 'jyjl', BLOOMFILTER => 'ROW', VERSIONS => '1', IN_MEMORY => 'false', KEEP_DELETED_CELLS => 'FAL
SE', DATA_BLOCK_ENCODING => 'NONE', TTL => 'FOREVER', COMPRESSION => 'NONE', MIN_VERSIONS => '0', BLOCKC
ACHE => 'true', BLOCKSIZE => '65536', REPLICATION_SCOPE => '0'}
3 row(s) in 0.2190 seconds

hbase(main):004:0>
```

图 7-25 查看 Grade_Student 表详细结构

(2) 指定列族参数

在创建表的同时,设置列族的参数。

将【案例 7-2】的毕业生求职信息创建表 student,指定各个列族的具体参数,HBase 表由 Key-Value 对组成。

【案例 7-3】创建学生信息表 student,表的各项列簇等信息如表 7-5 所示。

表 7-5 学生信息表 student 结构

Name	grxx			jyjl			sgzjl	
	xm	xb	nl	xx	zx	dx	company1	company2
……	……	……	……	……	……	……	……	……
……	……	……	……	……	……	……	……	……

表 7-5 所示的学生信息表 student 有 3 个列族 grxx、jyjl 和 sgzjl,其中 grxx 有 3 个列,分别是 xm、xb 和 nl;jyjl 有 3 个列,分别是 xx、zx 和 dx;sgzjl 有 2 个列,分别是 company1 和 company2。

具体操作步骤如下。

① 启动 HBase。

② 输入命令 create 'student', {NAME => 'grxx', VERSIONS => 3}, {NAME =>'jyjl', BLOCKCACHE => true},{NAME => 'sgzjl ', VERSIONS => 3}。

系统创建成功,如图 7-26 所示。

```
hbase(main):005:0> create 'student', {NAME => 'grxx', VERSIONS => 3}, {NAME =>'jyjl', BLOCKCACHE => true
},{NAME => 'sgzjl ', VERSIONS => 3}
0 row(s) in 1.5170 seconds

=> Hbase::Table - student
hbase(main):006:0>
```

图 7-26 创建指定列簇的 student 表

大括号内的信息是对列族的定义,NAME、VERSIONS 和 BLOCKCACHE 是参数名,此表中的 NAME 是关键字,不需要使用单引号;符号=>表示将后面的值赋给指定参数。例如,

VERSIONS => 3 是指此单元格内的数据可以保留最近的 3 个版本，BLOCKCACHE => true 表示允许读取数据时进行缓存。

注意：在 HBase Shell 语法中，所有字符串参数都必须包含在单引号中，且区分大小写，如 Grade_Student 和 grade_student 代表两个不同的表。

任务 4　操作表信息

创建表后，可以对表进行查看、增加、删除、更新等操作。

7.4.1　对表的操作命令

创建表后，可以对表进行查看、增加、删除、修改等操作，数据表的常用命令如表 7-6 所示。

表 7-6　Hbase 数据表的常用命令

命令	含义
exsits	查看表是否存在
list	列出 HBase 中存在的所有表
alter	修改表
count	统计表中行的数量
delete	删除指定对象的值，可以是表、行或者列对应的值
get	获取行或单元的值
put	添加一个值到指定单元格中
scan	遍历表并输出满足指定条件的行记录

 任务实现

7.4.2　增加表记录

【案例 7-4】向学生信息表 student 添加记录信息，具体表记录信息如表 7-7 所示。

表 7-7 学生信息表的记录信息

Name	grxx			jyjl			sgzjl	
	xm	xb	nl	xx	zx	dx	company1	company2
001	陈晨	女	20	重庆小学	十八中	巴蜀中学	人工智能公司	小康股份
002	王瑞晨	男	19	五一小学	雅礼中学	中南大学	中国华为	阿里巴巴
……	……	……	……	……	……	……	……	……

依次输入如下命令：

```
put 'student', '001',' grxx:name','陈晨'
put 'student', '001','grxx:xb','女'
put 'student', '001','grxx:nl','20'
put 'student', '001','jyjl:xx','重庆小学'
put 'student', '001','jyjl:zx','十八中'
put 'student','001','jyjl:dx','重庆大学'
put 'student','001','sgzjl :company1','人工智能公司'
put 'student', '001', 'sgzjl : company2', '小康股份'
put 'student', '002',' grxx:name','王瑞晨'
put 'student', '002','grxx:xb','男'
put 'student', '002','grxx:nl','19'
put 'student', '002','jyjl:xx','五一小学'
put 'student', '002','jyjl:zx','雅礼中学'
put 'student','002','jyjl:dx','中南大学'
put 'student','002','sgzjl :company1','中国华为'
put 'student', '002', 'sgzjl : company2', '阿里巴巴'
```

注意：对 HBase 表添加数据的时候，只能一列一列的添加，不能同时添加多列。

7.4.3 查看表信息

创建表后，可以使用 exsits 命令查看此表是否存在或者使用 list 命令查看数据库中所有表。

（1）使用 exsits 命令

【案例 7-5】使用 exsits 命令查看学生信息表 student 是否存在。

输入命令 exsits 'student'，查看效果如图 7-27 所示。

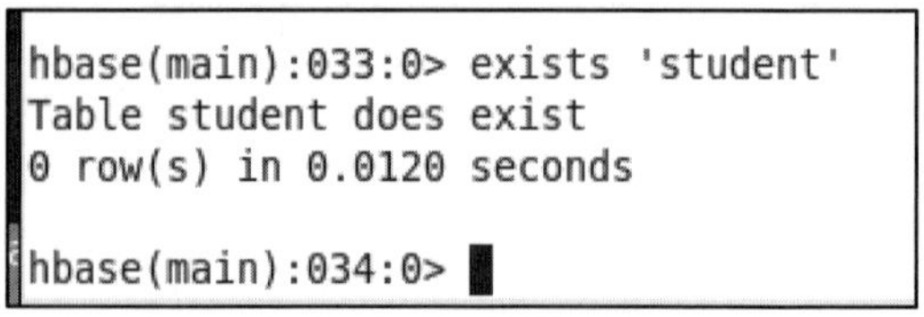

```
hbase(main):033:0> exists 'student'
Table student does exist
0 row(s) in 0.0120 seconds

hbase(main):034:0>
```

图 7-27 查看表是否存在

（2）使用 list 命令

【案例 7-6】使用 list 命令查看当前所有已存在的表。

输入命令 list，查看效果如图 7-28 所示。

```
hbase(main):034:0> list
TABLE
Grade_Student
student
xs
3 row(s) in 0.5850 seconds

=> ["Grade_Student", "student", "xs"]
hbase(main):035:0>
```

图 7-28　显示所有存在的表

（3）获取表信息

【案例 7-7】使用 get 命令获取学生基本信息表 student 指定信息。

输入命令 get 'student','001'，查看效果如图 7-29 所示。

```
hbase(main):002:0> get 'student','001'
COLUMN                  CELL
 grxx:name              timestamp=1605893051585, value=\xE9\x99\x88\xE6\x99\xA8
 grxx:nl                timestamp=1605893151608, value=20
 grxx:xb                timestamp=1605893119715, value=\xE5\xA5\xB3
 jyjl:dx                timestamp=1605911114518, value=\xE9\x87\x8D\xE5\xBA\x86\xE
                        5\xA4\xA7\xE5\xAD\xA6
 jyjl:xx                timestamp=1605893163454, value=\xE9\x87\x8D\xE5\xBA\x86\xE
                        5\xB0\x8F\xE5\xAD\xA6
 jyjl:zx                timestamp=1605893173185, value=\xE5\x8D\x81\xE5\x85\xAB\xE
                        4\xB8\xAD
 sgzjl :company1        timestamp=1605910754660, value=\xE4\xBA\xBA\xE5\xB7\xA5\xE
                        6\x99\xBA\xE8\x83\xBD\xE5\x85\xAC\xE5\x8F\xB8
 sgzjl :company2        timestamp=1605910796107, value=\xE5\xB0\x8F\xE5\xBA\xB7\xE
                        8\x82\xA1\xE4\xBB\xBD
1 row(s) in 0.2310 seconds

hbase(main):003:0>
```

图 7-29　获取学生基本信息表 student 的 001 记录信息

（4）查看表的描述信息

describe 命令可以查看表的详细结构，包括列族、每个列族的参数信息。

【案例 7-8】使用 describe 命令查看 student 的描述信息。

输入命令 describe 'student'，查看效果如图 7-30 所示。

7.4.4　修改表结构

HBase 表的结构和表的管理可以通过 alter 命令来实现，使用 alter 可以更改列族参数信息、增加列族、删除列族以及更改表的相关设置等操作。

（1）增加列簇

【案例 7-9】在 student 表新增一个列族 hobby。

输入命令 alter 'student', 'hobby'，运行效果如图 7-31 所示。

```
hbase(main):035:0> describe 'student'
Table student is ENABLED
student
COLUMN FAMILIES DESCRIPTION
{NAME => 'grxx', BLOOMFILTER => 'ROW', VERSIONS => '3', IN_MEMORY => 'false', KE
EP_DELETED_CELLS => 'FALSE', DATA_BLOCK_ENCODING => 'NONE', TTL => 'FOREVER', CO
MPRESSION => 'NONE', MIN_VERSIONS => '0', BLOCKCACHE => 'true', BLOCKSIZE => '65
536', REPLICATION_SCOPE => '0'}
{NAME => 'jyjl', BLOOMFILTER => 'ROW', VERSIONS => '1', IN_MEMORY => 'false', KE
EP_DELETED_CELLS => 'FALSE', DATA_BLOCK_ENCODING => 'NONE', TTL => 'FOREVER', CO
MPRESSION => 'NONE', MIN_VERSIONS => '0', BLOCKCACHE => 'true', BLOCKSIZE => '65
536', REPLICATION_SCOPE => '0'}
{NAME => 'sgzjl ', BLOOMFILTER => 'ROW', VERSIONS => '3', IN_MEMORY => 'false',
KEEP_DELETED_CELLS => 'FALSE', DATA_BLOCK_ENCODING => 'NONE', TTL => 'FOREVER',
COMPRESSION => 'NONE', MIN_VERSIONS => '0', BLOCKCACHE => 'true', BLOCKSIZE => '
65536', REPLICATION_SCOPE => '0'}
3 row(s) in 0.0330 seconds

hbase(main):036:0>
```

图 7-30　查看 student 的结构信息

```
hbase(main):002:0> alter 'student','hobby'
Updating all regions with the new schema...
0/1 regions updated.
0/1 regions updated.
0/1 regions updated.
0/1 regions updated.
1/1 regions updated.
Done.
0 row(s) in 6.8300 seconds

hbase(main):003:0>
```

图 7-31　在 student 表新增一个列族 hobby

（2）修改列簇

修改列族的参数信息，例如，可以修改列族的版本信息、只读模式等。

【案例 7-10】修改学生信息表 student 的版本信息，运行效果如图 7-32 所示。

```
hbase(main):003:0> alter 'student',{NAME =>'grxx',VERSIONS =>5}
Updating all regions with the new schema...
0/1 regions updated.
1/1 regions updated.
Done.
0 row(s) in 3.0930 seconds

hbase(main):004:0>
```

图 7-32　修改学生信息表 student 的版本信息

【案例 7-11】修改学生信息表 student 为只读模式。

输入命令 alter 'student',READONLY，查看结果如图 7-33 所示。

```
hbase(main):004:0> alter 'student',READONLY
Updating all regions with the new schema...
1/1 regions updated.
Done.
0 row(s) in 2.1640 seconds

hbase(main):005:0>
```

图 7-33 修改表为只读模式

（3）删除列簇

除了可以增加或者修改列簇外，还可以删除列簇。

【案例 7-12】删除学生信息表 student 的 xm 列簇信息。

输入命令 alter 'student','delete'=>'hobby'，查看结果如图 7-34 所示。

```
hbase(main):001:0> alter 'student','delete'=>'hobby'
Updating all regions with the new schema...
0/1 regions updated.
1/1 regions updated.
Done.
0 row(s) in 3.9460 seconds

hbase(main):002:0>
```

图 7-34 删除列簇信息

7.4.5 更新表记录

可以使用 put 更新表记录信息。

具体格式如下：

put '表名', 'rowkey', '列簇:列名', '值'

【案例 7-13】更新学生信息表 student 的列簇信息。

输入命令 put 'student','row','grxx:xm','cqhg'，查看结果如图 7-35 所示。

```
hbase(main):018:0> scan 'student'
ROW                  COLUMN+CELL
 001                 column=grxx:name, timestamp=1605893051585, value=\xE9\x99\
                     x88\xE6\x99\xA8
 001                 column=grxx:nl, timestamp=1605893151608, value=20
 001                 column=grxx:xb, timestamp=1605893119715, value=\xE5\xA5\xB
                     3
 001                 column=jyjl:dx, timestamp=1605911114518, value=\xE9\x87\x8
                     D\xE5\xBA\x86\xE5\xA4\xA7\xE5\xAD\xA6
 001                 column=jyjl:xx, timestamp=1605893163454, value=\xE9\x87\x8
                     D\xE5\xBA\x86\xE5\xB0\x8F\xE5\xAD\xA6
 001                 column=jyjl:zx, timestamp=1605893173185, value=\xE5\x8D\x8
                     1\xE5\x85\xAB\xE4\xB8\xAD
 001                 column=sgzjl :company1, timestamp=1605910754660, value=\xE
                     4\xBA\xBA\xE5\xB7\xA5\xE6\x99\xBA\xE8\x83\xBD\xE5\x85\xAC\
                     xE5\x8F\xB8
 001                 column=sgzjl :company2, timestamp=1605910796107, value=\xE
                     5\xB0\x8F\xE5\xBA\xB7\xE8\x82\xA1\xE4\xBB\xBD
 002                 column=grxx:name, timestamp=1605917143428, value=\xE7\x8E\
                     x8B\xE7\x91\x9E\xE6\x99\xA8
 002                 column=grxx:nl, timestamp=1605917185466, value=19
 002                 column=grxx:xb, timestamp=1605917166410, value=\xE7\x94\xB
                     7
 002                 column=jyjl:dx, timestamp=1605917231428, value=\xE4\xB8\xA
                     D\xE5\x8D\x97\xE5\xA4\xA7\xE5\xAD\xA6
 002                 column=jyjl:xx, timestamp=1605917198044, value=\xE4\xBA\x9
                     4\xE4\xB8\x80\xE5\xB0\x8F\xE5\xAD\xA6
 002                 column=jyjl:zx, timestamp=1605917220426, value=\xE9\x9B\x8
```

图 7-35 更新列簇信息

7.4.6 删除记录/表

(1) 删除记录

【案例 7-14】删除 student 表中行键为 002 的 sgzjl：company2 的信息。

输入命令 delete 'student', '002', 'sgzjl : company2'，运行效果如图 7-36 所示。

```
hbase(main):019:0> delete 'student','002','sgzjl : company2'
0 row(s) in 0.0220 seconds

hbase(main):020:0>
```

图 7-36　删除 student 表中行键为 002 的 sgzjl : company2 的信息

再次查看效果如图 7-37 所示。

```
001         column=grxx:name, timestamp=1605893051585, value=\xE9\x99\x88\xE6\x99\xA8
001         column=grxx:nl, timestamp=1605893151608, value=20
001         column=grxx:xb, timestamp=1605893119715, value=\xE5\xA5\xB3
001         column=jyjl:dx, timestamp=1605911114518, value=\xE9\x87\x8D\xE5\xBA\x86\xE5\xA4
            \xA7\xE5\xAD\xA6
001         column=jyjl:xx, timestamp=1605893163454, value=\xE9\x87\x8D\xE5\xBA\x86\xE5\xB0
            \x8F\xE5\xAD\xA6
001         column=jyjl:zx, timestamp=1605893173185, value=\xE5\x8D\x81\xE5\x85\xAB\xE4\xB8
            \xAD
001         column=sgzjl :company1, timestamp=1605910754660, value=\xE4\xBA\xBA\xE5\xB7\xA5
            \xE6\x99\xBA\xE8\x83\xBD\xE5\x85\xAC\xE5\x8F\xB8
001         column=sgzjl :company2, timestamp=1605910796107, value=\xE5\xB0\x8F\xE5\xBA\xB7
            \xE8\x82\xA1\xE4\xBB\xBD
002         column=grxx:name, timestamp=1605917143428, value=\xE7\x8E\x8B\xE7\x91\x9E\xE6\x
            99\xA8
002         column=grxx:nl, timestamp=1605917185466, value=19
002         column=grxx:xb, timestamp=1605917166410, value=\xE7\x94\xB7
002         column=jyjl:dx, timestamp=1605917231428, value=\xE4\xB8\xAD\xE5\x8D\x97\xE5\xA4
            \xA7\xE5\xAD\xA6
002         column=jyjl:xx, timestamp=1605917198044, value=\xE4\xBA\x94\xE4\xB8\x80\xE5\xB0
            \x8F\xE5\xAD\xA6
002         column=jyjl:zx, timestamp=1605917220426, value=\xE9\x9B\x85\xE7\xA4\xBC\xE4\xB8
            \xAD\xE5\xAD\xA6
002         column=sgzjl :company1, timestamp=1605917242002, value=\xE4\xB8\xAD\xE5\x9B\xBD
            \xE5\x8D\x8E\xE4\xB8\xBA
row         column=grxx:name, timestamp=1605916509764, value=cqhg
row         column=grxx:xm, timestamp=1605916424164, value=cqhg
3 row(s) in 0.0520 seconds
```

图 7-37　查看 student 删除后的信息

(2) 删除表

通过 hbase shell 删除一个表，首先需要将表禁用，然后再进行删除。

【案例 7-15】删除 xs 表。

先输入命令 disable 'xs'，然后再输入 drop 'xs'，运行效果如图 7-38 所示。

```
hbase(main):023:0> disable 'xs'
0 row(s) in 2.4020 seconds

hbase(main):024:0> drop 'xs'
0 row(s) in 1.3690 seconds

hbase(main):025:0>
```

图 7-38　删除 xs 表

再次查看系统中存在的表，如图 7-39 所示。

项目7 Hadoop数据库HBase

```
hbase(main):025:0> list
TABLE
Grade_Student
student
2 row(s) in 0.0510 seconds

=> ["Grade_Student", "student"]
hbase(main):026:0>
```

图 7-39 查看当前系统中所有表

习 题

项目7 习题答案

项目7 线上习题 + 答案

一、填空题

1. HBase 是 Hadoop 的_____，也是一款比较流行的_____。
2. HBase 的_____是用来检索记录的主键，访问 HBase 表中的行。
3. HBase 中通过_____、列族、_____和时间戳组合起来确定的一个存储单元称为 Cell。
4. MapReduce 是分布式计算框架，包含_____和_____过程，负责在 HDFS 上进行计算。
5. HBase 数据存储分为_____和物理存储模型两种。

二、选择题

1. HBase 的特点是（   ）。
   A. 面向列　　　　　　　　　　B. 数据类型单一
   C. 稀疏　　　　　　　　　　　D. 以上都正确
2. 时间戳的类型是（   ）位类型。
   A. 128　　　　　　　　　　　B. 32
   C. 64　　　　　　　　　　　　D. 256
3. HBase 不适合哪些类型的应用（   ）。
   A. 少量数据　　　　　　　　　B. 海量数据
   C. 同时处理结构化和半结构化数据　　D. 高吞吐率
4. HBase 物理存储单元是（   ）。
   A. region　　　　　　　　　　B. row
   C. column family　　　　　　　D. column
5. HBase 显示表记录数的命令是（   ）。
   A. list　　　　　　　　　　　　B. count
   C. drop　　　　　　　　　　　D. put

三、简答题

1. 简述 HBase 的特点。
2. 简述 HBase 的作用。
3. 简述 Hbase 的存储架构。
4. 简述 Hbase 的安装及配置步骤。
5. Hbase 对表可以进行哪些操作？

项目 8　协调系统 Zookeeper

学习目标

1. 了解 Zookeeper 的基本概念。
2. 了解 Zookeeper 的安装模式。
3. 掌握 Zookeeper 的工作原理。
4. 掌握 Zookeeper 单机模式搭建。
5. 熟练完全分布式模式安装及配置。
6. 熟练 Zookeeper 启动。

思政与职业素养目标

1. 通过熟悉和理解 Zookeeper 的基础知识，使学生明白人与人交往，协调沟通至关重要。
2. 通过学习 Zookeeper，使学生懂得"近朱者赤、近墨者黑"的道理，鼓励学生多和大数据行业的优秀人士、优秀学生干部学习、交流，提升素养。
3. 通过学习和实践 Zookeeper 不同模式的安装，使学生了解将来就业可能面临的社会竞争的严峻和残酷，懂得今后是根据自己的需要优先选择还是被动接受，培养其有"工欲善其事，必先利其器"的思想意识。
4. 通过学习 Zookeeper 的集群安装中的"选举产生，超过一半节点发送请求成功时才认为有效"，使学生懂得"等你足够优秀了，你想要的都会主动找你"的道理。

任务 1　Zookeeper 基础知识

任务描述

集群通常都是分布式部署在多台机器上，如果要改变程序的配置文件，需要逐台机器去修改，非常烦琐。为了解决此类问题，开始学习和使用 Zookeeper。当把配置文件信息全部放到 Zookeeper 上，保存在 Zookeeper 的某个目录节点中，然后所有相关应用程序对这个目录节点进行监听，一旦配置信息发生变化，每个应用程序就会收到 Zookeeper 的通知，然后从 Zookeeper 获取新的配置信息应用到系统中。

相关知识

8.1.1 Zookeeper 概述

Zookeeper 是 Hadoop 的一个子项目，它是分布式系统中的协调系统，提供了诸如统一命名空间服务、配置服务和分布式锁等基础服务。

Zookeeper 在设立初期，考虑到之前内部很多项目都是使用动物的名字来命名的（例如 Hadoop、Pig 等），雅虎的工程师希望给这个项目也取一个动物的名字。当时任研究院的首席科学家 Raghu Ramakrishnan 开玩笑地说："再这样下去，我们这儿就变成动物园了！"此话一出，大家纷纷表示就叫动物园管理员吧，因为各个以动物命名的分布式组件放在一起，雅虎的整个分布式系统看上去就像一个大型的动物园了，而 Zookeeper 正好用来进行分布式环境的协调，Zookeeper 名字由此诞生。

Zookeeper 是一个典型的分布式数据一致性的解决方案协调系统。分布式应用程序可以基于 Zookeeper 实现各种服务，例如数据发布/订阅、负载均衡、命名服务、分布式协调/通知、集群管理、Master 选举、分布式锁和分布式队列等。

8.1.2 Zookeeper 基本概念

（1）集群角色

Zookeeper 中包含 Leader、Follower 和 Observer 三个角色。通过一次选举过程，被选举的机器节点被称为 Leader，Leader 机器为客户端提供读和写服务；Follower 和 Observer 是集群中的其他机器节点。

（2）分布式协调技术

分布式协调技术主要用来解决分布式环境当中多个进程之间的同步控制，实现有序访问某种临界资源，避免出现数据访问混乱情况。

（3）分布式锁

分布式系统中对多个机器共享使用同一个进程时，或者避免多个进程之间相互干扰时，需要实现协调调度时，可以借助分布式系统的核心技术（分布式锁）协调进程之间的调度控制。

（4）会话

客户端与服务端之间设置临时节点的生命周期、客户端请求的顺序执行、watch 通知机制等交互称为会话。会话就是一个客户端与服务器之间的一个 TCP 长连接，客户端和服务器的一切交互都是通过这个长连接进行的。Zookeeper 的连接与会话就是客户端通过实例化 Zookeeper 对象来实现客户端与服务端创建并保持 TCP 连接的过程。

（5）节点

节点是指组成集群的每一台机器。在 Zookeeper 中，节点分为机器节点和数据节点两类。构成集群的机器称为机器节点；而数据模型中的数据单元称为数据节点 Znode。Zookeeper 中没有文件和目录，统一使用具有唯一路径标识的 Znode 进行管理。

8.1.3 Zookeeper 应用场景

Zookeeper 提供了一个分布式数据一致性解决方案，为分布式应用提供一个高性能、高可用、具有严格顺序访问控制能力的分布式协调存储服务。Zookeeper 主要有维护配置信息、分布式锁服务、集群管理和生成分布式唯一 ID 的 4 个应用场景。

（1）维护配置信息

由于集群是分布式存储，而且包括多台机器，当配置信息需要更改或者更新时，如果逐台机器修改，工作量是相当大的，而且还会出现修复不及时、配置信息出错等问题。出现这类问题，可以借助 Zookeeper，作为配置信息中心来统一协调信息管理配置信息；还可以通过 Zookeeper 的发布订阅机制（监听），使系统服务器自动获取、更新配置信息。

（2）分布式锁服务

集群是分布式系统，服务通常需要部署在多台机器上，那么一个服务的调用可能会经过多个服务器、多个进程来实现，这就需要提高分布式系统的并发性和高可靠性才能确保系统的稳定。Zookeeper 可以通过临时有序节点生成分布式锁的方式进而保证数据的安全性和一致性。

（3）集群管理

集群管理中，Zookeeper 通过 watch 实时监听配置信息。服务器一旦出现新的机器加入或者有部分机器出现宕机集群需要更新配置信息时，Zookeeper 集群中心会以 event 的方式推送给服务器，使得集群管理方便、快捷。

（4）生成分布式唯一 ID

为了便于在分布式集群管理中区分每台机器，需要对其进行设置唯一编号，Zookeeper 可以在分布式环境下采用顺序节点创建该操作，生成全网唯一的 ID。

任务 2　Zookeeper 安装基础

Zookeeper 安装前应该了解其三种安装模式以及基本的常用命令，并且在官网下载需要的对应版本安装包，为实现顺利安装做好准备。

相关知识

8.2.1　Zookeeper 安装模式

Zookeeper 是用 Java 编写的，需要运行在 Java 环境上。因此，在部署 Zookeeper 的机器上需要先安装 Java 运行环境。

Zookeeper 有单机模式、伪分布式集群模式、完全分布式集群模式三种部署方式，用户可根据需要和对可靠性的需求选择适合的部署方式。单机模式是指在一台机器上只需要部署一个 Zookeeper 进程，客户端直接与该 Zookeeper 进程进行通信；Zookeeper 伪分布式集群模式是在一台机器中配置多个端口，产生多个进程，实质上就是用多个进程来模拟多台机器；而在实际生产中，需要在多台机器上实现分布式协调管理，应该安装完全分布式集群模式，也有人简称之为集群模式，真正实现集群模式的分布式协调和管理。

8.2.2　Zookeeper 角色

Zookeeper 有 Leader、Follower 和 Observer 三种角色。

（1）Leader 角色

Leader 是 Zookeeper 集群工作的核心，作为整个 Zookeeper 集群的主节点，是事务性请求读写操作唯一调度和处理者，它负责响应所有对 Zookeeper 状态变更的请求、进行投票的发起和决议，以及更新系统状态。

（2）Follower 角色

Follower 角色用于响应本服务器上的读请求外，还要处理 Leader 的提议。当接收到客户端发来的事务性请求，则会转发给 Leader，让 Leader 进行处理，同时还负责在 Leader 选举过程中参与投票。Leader 和 Follower 构成 Zookeeper 集群的法定人数，即它们参与新 Leader 的选举、响应 Leader 的提议等。

（3）Observer 角色

当 Zookeeper 客户端很多，需要跨区域集群协调，读取负载很高的时候可以设置一些 Observer 服务器，以提高读取的吞吐量。主要负责观察 Zookeeper 集群的最新状态的变化，并且将这些状态进行同步。对于非事务性请求可以进行独立处理；对于事务性请求，则会转发给 Leader 服务器进行处理。它不会参与任何形式的投票，只提供非事务性的服务，通常用于在不影响集群事务处理能力的前提下，提升集群的非事务处理能力(提高集群读的能力，也降低了集群选主的复杂程度)。

8.2.3　Zookeeper 常用命令

Zookeeper 常用的命令，如表 8-1 所示。

表 8-1　**Zookeeper 常用的命令**

命令	功能
zkserver.sh start	启动 Zookeeper 服务
zkserver.sh status	查看 Zookeeper 服务状态
zkserver.sh stop	停止 Zookeeper 服务
zkserver.sh restart	重启 Zookeeper 服务
zkCli.sh	启动连接 Zookeeper 服务
help	查看 Zookeeper 所有命令
ls /	查看根目录下包含的节点

续表

命令	功能
Ls2 /	查看当前节点数据并能看到更新次数等数据
create	创建文件,并设置初始内容
get	获取文件内容
set	修改文件内容
delete	删除文件
quit	退出客户端

任务实现

8.2.4　Zookeeper 安装前准备

Zookeeper 安装前需要下载,并且将软件拷贝到 Linux 系统中。这里选择下载性能比较稳定的 apache-Zookeeper-3.5.8-bin.tar.gz 版。

需要注意的是官网中 Zookeeper 的安装包有许多版本,并且分为.tar.gz 版和.bin.tar.gz 版等多种文件格式类型文件,带 bin 字样的安装包才是二进制编译完后的包,用户可以直接使用,而之前普通的 tar.gz 的包里面只包含源码的包,用户可能无法直接使用,因此建议选择.bin.tar.gz 版。

具体下载过程如下。

① 登录网站 http://www.apache.org/dyn/closer.cgi/Zookeeper/,选择 HTTP 选项下需要的镜像文件网站,如图 8-1 所示。

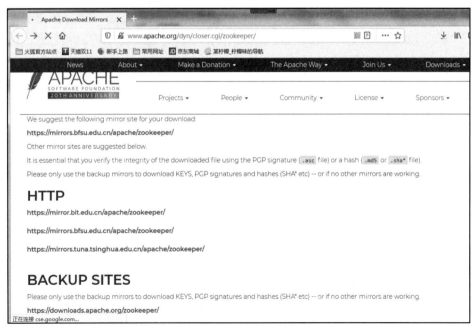

图 8-1　Zookeeper 官网

② 选择 2020 年 7 月 3 日发布的 Zookeeper-3.5.8/，如图 8-2 所示。

图 8-2　选择需要下载的 Zookeeper-3.5.8

③ 选择需要下载保存的 Zookeeper 文件格式类型，如图 8-3 所示。

图 8-3　选择下载 apache-Zookeeper-3.5.8-bin.tar.gz

④ 选择 apache-zookeeper-3.5.8-bin.tar.gz，如图 8-4 所示，设置文件保存位置，实现下载并保存。

图 8-4　设置下载文件的方式

任务3 Zookeeper 多种模式安装

不论是单机模式安装还是伪分布式模式安装、集群式安装 Zookeeper，使用前都需要安装 jdk、Zookeeper 并配置其相关文件后，再启动 Zookeeper，才可以正常使用。

8.3.1 Zookeeper 配置中的参数

（1）tickTime（心跳时间）

分布式系统中，客户端与服务器或者服务器与服务器之间为了实现实时监听配置信息的变化需要维持心跳，通过心跳不仅能够监听机器的工作状态，还可以通过心跳来控制 Flower 与 Leader 的通信时间，也就是每个 tickTime 就会发送一次心跳。

（2）initLimit

集群中的 Follower 服务器(F)与 Leader 服务器(L)之间，初始连接时能容忍的最多心跳数（tickTime 的数量），如果在该时间内没有实现通信就认为系统出现故障，导致挂机状态。

（3）syncLimit

用来实现集群中 Flower 服务器（F）跟 Leader（L）服务器之间的请求和应答最多能容忍的心跳数。

（4）dataDir

表示数据存放的位置。

（5）clientPort

表示客户端连接 Zookeeper 服务器的端口。Zookeeper 会监听这个端口，接收客户端的请求访问。端口默认通常设置为 2181。

（6）QuorumPeerMain

Zookeeper 集群的启动入口类。其中 QuorumPeer 中 quorum 代表的意思就是每个 Zookeeper 集群启动的时候集群中 Zookeeper 服务数量就已经完全确定了下来。QuorumPeerMain 用于 Zookeeper 的 server 管理 main 方法。

8.3.2 单节点模式安装及配置

（1）Zookeeper 单机模式安装步骤

Zookeeper 单机模式安装就是在一台机器上安装，产生单进程。单机模式安装可以分为 6

个操作步骤，具体步骤如下。

① 安装前的准备工作。

② 安装 jdk 并配置信息。

③ 安装 Zookeeper。

④ 配置 Zookeeper 文件信息。

⑤ 设置环境变量。

⑥ 启动 Zookeeper。

（2）Zookeeper 单机模式安装及配置

单机模式安装及配置，具体操作步骤如下。

① 安装前的准备 安装 Zookeeper 前需要做好一些准备工作。例如，需要下载 Zookeeper 安装文件并将其从 Windows 操作系统环境下拷贝到 Linux 虚拟机的指定目录下。这里在 master 主机的 Hadoop 用户环境下，创建一个 Zookeeper 的文件夹，并将其放置在此文件夹中。再有机器需要安装 jdk 时，这里由于 Hadoop 集群模式安装中已经安装了 jdk，这里就不再赘述。

a.启动 Centos 虚拟机，在 master 主机的终端，切换到 root 用户，并切换到/home/hadoop/目录下。

b.输入命令 mkdir zookeeper 创建一用户名为 zookeeper 的文件夹，如图 8-5 所示。

```
[hadoop@master ~]$ mkdir zookeeper
[hadoop@master ~]$ ll
total 303704
-rw-rw-r--.  1 hadoop hadoop       646 Sep  8 01:14 derby.log
drwxr-xr-x.  3 hadoop hadoop      4096 Nov  4 14:34 Desktop
drwxr-xr-x.  2 hadoop hadoop      4096 Sep  1 10:57 Documents
drwxr-xr-x.  2 hadoop hadoop      4096 Sep  1 10:57 Downloads
drwxr-xr-x. 15 hadoop hadoop      4096 Sep  1 14:27 hadoop-2.6.0-cdh5.6.0
-rwxrwxr-x.  1 hadoop hadoop 310935369 Sep  1 13:12 hadoop-2.6.0-cdh5.6.0.tar.gz
drwxrwxr-x.  3 hadoop hadoop      4096 Sep  1 14:52 hadoopdata
-rw-rw-r--.  1 hadoop hadoop        54 Sep  6 14:53 jiazaidata.txt
drwxrwxr-x.  5 hadoop hadoop      4096 Sep  8 01:14 metastore_db
drwxr-xr-x.  2 hadoop hadoop      4096 Sep  1 10:57 Music
drwxr-xr-x.  2 hadoop hadoop      4096 Sep  1 10:57 Pictures
drwxr-xr-x.  2 hadoop hadoop      4096 Sep  1 10:57 Public
drwxr-xr-x.  2 hadoop hadoop      4096 Sep  1 10:57 Templates
drwxr-xr-x.  2 hadoop hadoop      4096 Sep  1 10:57 Videos
drwxrwxr-x.  2 hadoop hadoop      4096 Nov  4 22:57 zookeeper
```

图 8-5 创建 Zookeeper 文件夹

c.利用项目 2 的 2.4.7 节中共享文件，实现将下载的 apache-zookeeper-3.5.8-bin.tar.gz 文件拷贝到 Linux 系统中的/home/hadoop/Desktop 下。

d.切换到终端，并输入命令 cp /home/hadoop/Desktop/apache-zookeeper-3.5.8-bin.tar.gz./zookeeper/，将桌面上的 apache-zookeeper-3.5.8-bin.tar.gz 文件拷贝到指定目录下。

e.输入命令 cd zookeeper，切换到 Zookeeper 文件夹，查看文件，如图 8-6 所示。

```
[hadoop@master zookeeper]$ ll
total 9176
-rwxrwxr-x. 1 hadoop hadoop 9394700 Nov 13 07:59 apache-zookeeper-3.5.8-bin.tar.gz
[hadoop@master zookeeper]$ 
```

图 8-6 拷贝 Zookeeper 安装包文件到指定目录

② 安装 jdk 并配置信息　安装 jdk 并配置其信息，具体操作步骤和配置信息可以参见项目 2 任务 4 的 2.4.7 节，这里不再赘述。

③ 安装 Zookeeper

a.在终端，输入命令 tar -zxvf apache-zookeeper-3.5.8-bin.tar.gz，解压并安装 Zookeeper，系统开始解压并安装，部分截图如图 8-7 所示。

```
hadoop@master:~/zookeeper
File  Edit  View  Search  Terminal  Help
apache-zookeeper-3.5.8-bin/lib/netty-resolver-4.1.48.Final.jar
apache-zookeeper-3.5.8-bin/lib/netty-buffer-4.1.48.Final.jar
apache-zookeeper-3.5.8-bin/lib/netty-transport-4.1.48.Final.jar
apache-zookeeper-3.5.8-bin/lib/netty-codec-4.1.48.Final.jar
apache-zookeeper-3.5.8-bin/lib/netty-transport-native-epoll-4.1.48.Final.jar
apache-zookeeper-3.5.8-bin/lib/netty-transport-native-unix-common-4.1.48.Final.jar
apache-zookeeper-3.5.8-bin/lib/slf4j-api-1.7.25.jar
apache-zookeeper-3.5.8-bin/lib/slf4j-log4j12-1.7.25.jar
apache-zookeeper-3.5.8-bin/lib/log4j-1.2.17.jar
apache-zookeeper-3.5.8-bin/lib/commons-cli-1.2.jar
apache-zookeeper-3.5.8-bin/lib/jetty-server-9.4.24.v20191120.jar
apache-zookeeper-3.5.8-bin/lib/javax.servlet-api-3.1.0.jar
apache-zookeeper-3.5.8-bin/lib/jetty-http-9.4.24.v20191120.jar
apache-zookeeper-3.5.8-bin/lib/jetty-util-9.4.24.v20191120.jar
apache-zookeeper-3.5.8-bin/lib/jetty-io-9.4.24.v20191120.jar
apache-zookeeper-3.5.8-bin/lib/jetty-servlet-9.4.24.v20191120.jar
apache-zookeeper-3.5.8-bin/lib/jetty-security-9.4.24.v20191120.jar
apache-zookeeper-3.5.8-bin/lib/jackson-databind-2.10.3.jar
apache-zookeeper-3.5.8-bin/lib/jackson-annotations-2.10.3.jar
apache-zookeeper-3.5.8-bin/lib/jackson-core-2.10.3.jar
apache-zookeeper-3.5.8-bin/lib/json-simple-1.1.1.jar
apache-zookeeper-3.5.8-bin/lib/jline-2.11.jar
[hadoop@master zookeeper]$
```

图 8-7　解压并安装 Zookeeper

b.可以输入 ll 查看安装后的文件夹，如图 8-8 所示。

```
[hadoop@master zookeeper]$ ll
total 9180
drwxrwxr-x. 6 hadoop hadoop    4096 Nov 13 11:13 apache-zookeeper-3.5.8-bin
-rwxrwxr-x. 1 hadoop hadoop 9394700 Nov 13 07:59 apache-zookeeper-3.5.8-bin.tar.gz
[hadoop@master zookeeper]$
```

图 8-8　查看安装 Zookeeper 后的文件夹

④ 配置 Zookeeper 文件信息　解压安装 Zookeeper 后，需要配置其相应的文件，才可以使其工作。

a.输入命令/home/hadoop/zookeeper/apache-zookeeper-3.5.8-bin/conf，切换到 conf 目录下。

b.输入命令 cp zoo_sample.cfg zoo.cfg，将 Zookeeper 根目录中 conf 文件夹下的 zoo_sample.cfg 重命名为 zoo.cfg，如图 8-9 所示。

```
[hadoop@master conf]$ ll
total 12
-rw-r--r--. 1 hadoop hadoop  535 May  4  2020 configuration.xsl
-rw-r--r--. 1 hadoop hadoop 2712 May  4  2020 log4j.properties
-rw-r--r--. 1 hadoop hadoop  922 May  4  2020 zoo_sample.cfg
[hadoop@master conf]$ cp zoo_sample.cfg zoo.cfg
[hadoop@master conf]$ ll
total 16
-rw-r--r--. 1 hadoop hadoop  535 May  4  2020 configuration.xsl
-rw-r--r--. 1 hadoop hadoop 2712 May  4  2020 log4j.properties
-rw-r--r--. 1 hadoop hadoop  922 Nov 13 11:17 zoo.cfg
-rw-r--r--. 1 hadoop hadoop  922 May  4  2020 zoo_sample.cfg
[hadoop@master conf]$
```

图 8-9　查看修改后的文件

c.切换到/home/hadoop/zookeeper/apache-zookeeper-3.5.8-bin 目录下，输入命令 mkdir data，创建 data 文件夹，这里的 data 文件夹将用于存储 Zookeeper 中数据的内存快照、事务日志文件的文件夹，如图 8-10 所示。

```
[hadoop@master apache-zookeeper-3.5.8-bin]$ ll
total 44
drwxr-xr-x. 2 hadoop hadoop  4096 May   4  2020 bin
drwxr-xr-x. 2 hadoop hadoop  4096 Nov  13 11:17 conf
drwxrwxr-x. 2 hadoop hadoop  4096 Nov  13 11:21 data
drwxr-xr-x. 5 hadoop hadoop  4096 May   4  2020 docs
drwxrwxr-x. 2 hadoop hadoop  4096 Nov  13 11:13 lib
-rw-r--r--. 1 hadoop hadoop 11358 May   4  2020 LICENSE.txt
-rw-r--r--. 1 hadoop hadoop   432 May   4  2020 NOTICE.txt
-rw-r--r--. 1 hadoop hadoop  1560 May   4  2020 README.md
-rw-r--r--. 1 hadoop hadoop  1347 May   4  2020 README_packaging.txt
[hadoop@master apache-zookeeper-3.5.8-bin]$
```

图 8-10　查看/home/hadoop/zookeeper/apache-zookeeper-3.5.8-bin 目录

data 文件夹所在目录为/home/hadoop/Zookeeper/apache-Zookeeper-3.5.8-bin/data，在配置文件中将要被使用。

d.输入命令 cd conf，切换目录到 Zookeeper 的 conf 目录。

e.输入命令 vi zoo.cfg，编辑修改数据存放的路径，这里需要修改 dataDir= /home/hadoop/zookeeper/apache-zookeeper-3.5.8-bin/data，即 data 文件夹所在目录，如图 8-11 所示。

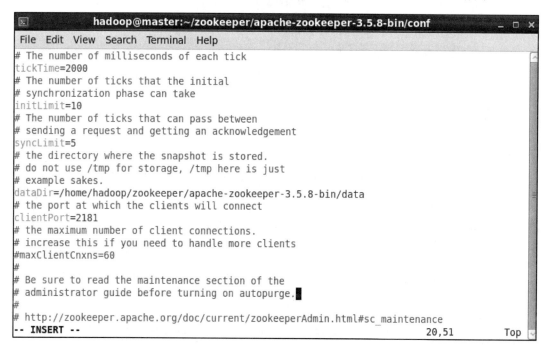

图 8-11　修改配置文件参数

f.保存并退出配置文件。

⑤ 设置环境变量　为了便于启动 Zookeeper，需要设置环境变量。

a.输入命令 vi ~/.bashrc，并在下方空白处按字母 i 键，切换到编辑模式，然后输入：

```
export ZOOKEEPER_HOME=/home/hadoop/zookeeper/apache-zookeeper-3.5.8-bin
export PATH=$PATH:$ZOOKEEPER_HOME/bin
```

输入后按 Esc 键后，输入:wq，保存并退出编辑环境，如图 8-12 所示。

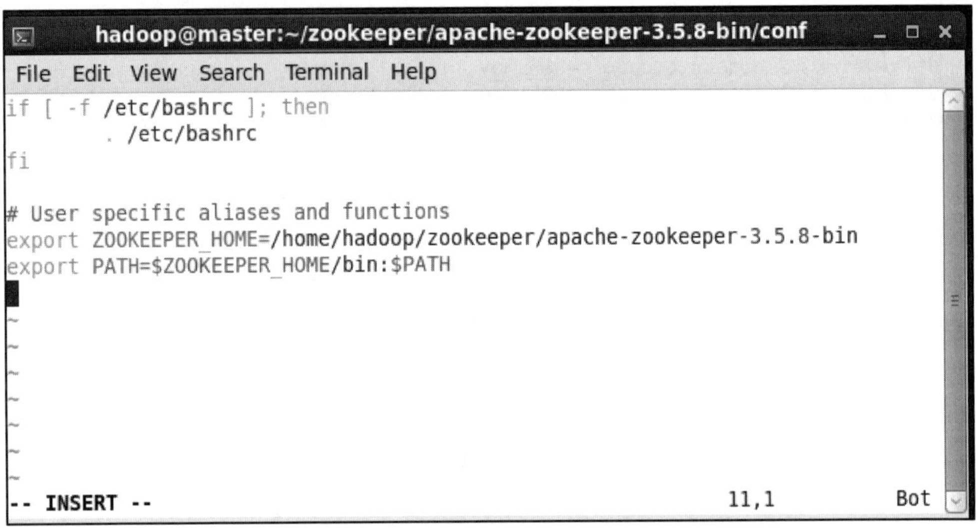

图 8-12　编辑环境变量~/.bashrc

b.输入 source ~/.bashrc，使环境变量生效。

⑥ 启动 Zookeeper　安装并配置了 Zookeeper 后，可以检测一下是否安装成功，并运行。

a.输入命令 zkServer.sh start，启动 Zookeeper，系统开始启动并加载，出现"Starting Zookeeper……STARTED"表明启动成功，如图 8-13 所示。

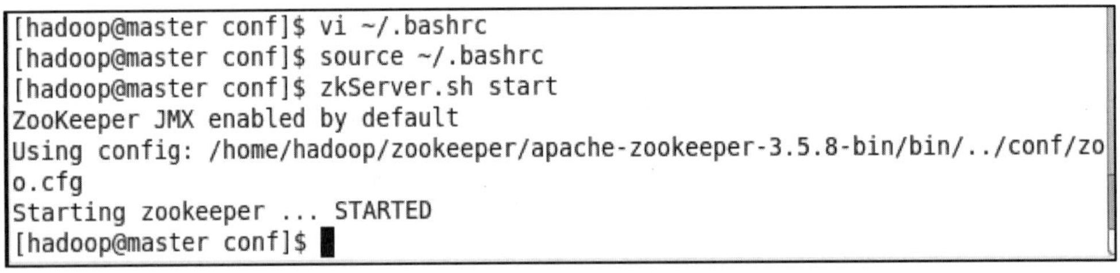

图 8-13　启动 Zookeeper

b.输入命令 zkServer.sh status，可以查看 Zookeeper 的工作状态。如图 8-14 所示。

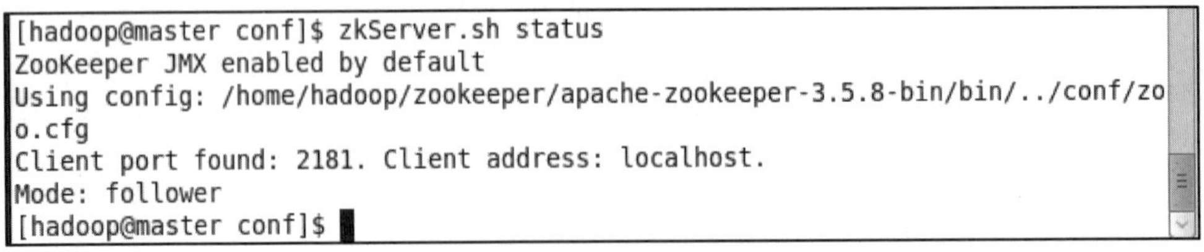

图 8-14　查看 Zookeeper 的工作状态

c.输入命令 jps，查看当前活动的 Java 工作进程。如图 8-15 所示。

```
[hadoop@master conf]$ jps
2405 QuorumPeerMain
3438 Jps
[hadoop@master conf]$
```

图 8-15　查看当前获得的 Java 工作进程

d.输入命令 zkCli.sh，实现用 Zookeeper 客户端连接服务器，系统开始加载启动、连接服务器。出现"welcome to Zookeeper"，表明连接成功，效果如图 8-16 所示。

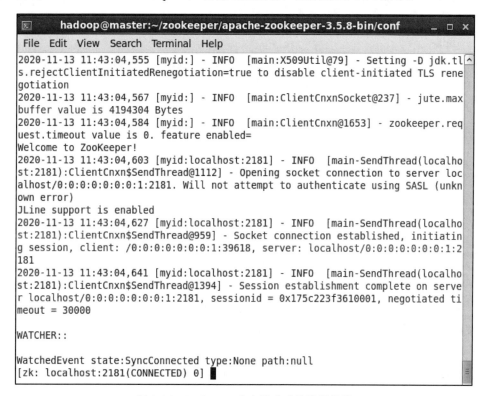

图 8-16　Zookeeper 客户端成功连接服务器

8.3.3　伪集群模式安装及配置

Zookeeper 伪分布式集群模式是在一台机器中配置多个端口，产生多个进程，实质上就是用多个进程来模拟多台机器。因此需要在一台机器的 conf 目录下实现配置多个相关配置文件，并创建设置多个 myid 文件。

（1）Zookeeper 伪分布式安装步骤

Zookeeper 伪分布式安装，通常需要分为 6 个操作步骤。在此利用主机 master，实现模拟 3 台机器，具体步骤如下。

① 安装 jdk 并配置信息。
② 安装 Zookeeper。
③ 创建 3 个环境目录。
④ 创建 3 个配置文件并设置其内容。
⑤ 在各个目录下均创建 myid 文件并填入相应的值。

⑥ 启动伪分布式集群。

（2）Zookeeper 伪分布式安装及配置

在主机 master 一台机器上实现伪分布式安装前的 jdk 安装并配置信息、安装 Zookeeper 软件，都可以参考单节点模式安装过程，在此不再赘述。Zookeeper 伪分布式安装及配置具体操作步骤如下。

① 创建 3 个环境目录　将 Zookeeper 解压安装包后，需要切换进入 Zookeeper 的安装目录下，分别创建 Zookeeper 保存数据的文件夹。

a.在 master 主机终端，输入命令 cd/home/hadoop/zookeeper/apache-zookeeper-3.5.8-bin，创建一个 data 文件夹。

b.输入命令 cd data，进入 data 文件夹，分别输入 mkdir zkData1、mkdir zkData2、mkdir zkData3 创建三个保存数据的文件夹。

创建后的效果如图 8-17 所示。

```
[hadoop@master apache-zookeeper-3.5.8-bin]$ cd data
[hadoop@master data]$ mkdir zkData1
[hadoop@master data]$ mkdir zkData2
[hadoop@master data]$ mkdir zkData3
[hadoop@master data]$ ll
total 12
drwxrwxr-x. 2 hadoop hadoop 4096 Nov 13 11:51 zkData1
drwxrwxr-x. 2 hadoop hadoop 4096 Nov 13 11:51 zkData2
drwxrwxr-x. 2 hadoop hadoop 4096 Nov 13 11:51 zkData3
[hadoop@master data]$
```

图 8-17　创建 3 个环境目录

② 创建 3 个配置文件并配置内容　将 Zookeeper 解压安装包后，需要切换进入 zookeeper/conf/目录下，将该目录下的 zoo_sample.cfg 配置文件拷贝 3 份，并修改文件依次为 zoo1.cfg、zoo2.cfg、zoo3.cf。

a.在 master 主机终端，输入命令 cd/home/hadoop/zookeeper/apache-zookeeper-3.4.0/conf，切换到 conf 目录下。

b.分别输入命令 cp zoo_sample.cfg zoo1.cfg，cp zoo_sample.cfg zoo2.cfg，cp zoo_sample.cfg zoo2.cfg，实现创建 3 个配置文件，如图 8-18 所示。

```
[hadoop@master conf]$ cp zoo_sample.cfg  zoo1.cfg
[hadoop@master conf]$ cp zoo_sample.cfg  zoo2.cfg
[hadoop@master conf]$ cp zoo_sample.cfg  zoo3.cfg
[hadoop@master conf]$ ll
total 24
-rw-r--r--. 1 hadoop hadoop  535 Nov 15  2011 configuration.xsl
-rw-r--r--. 1 hadoop hadoop 2161 Nov  6 11:53 log4j.properties
-rw-r--r--. 1 hadoop hadoop  808 Nov 12 03:39 zoo1.cfg
-rw-r--r--. 1 hadoop hadoop  808 Nov 12 03:39 zoo2.cfg
-rw-r--r--. 1 hadoop hadoop  808 Nov 12 03:39 zoo3.cfg
-rw-r--r--. 1 hadoop hadoop  808 Nov 15  2011 zoo_sample.cfg
[hadoop@master conf]$
```

图 8-18　创建 3 个配置文件

c.分别使用 vim 编辑 zoo1.cfg、zoo2.cfg、zoo3.cfg 这三个配置文件，使其在 dataDir 的路

径分别设置为：

```
/home/hadoop/zookeeper/apache-zookeeper-3.5.8-bin/data/zkData1
/home/hadoop/zookeeper/apache-zookeeper-3.5.8-bin/data/zkData2
/home/hadoop/zookeeper/apache-zookeeper-3.5.8-bin/data/zkData3
```

客户端端口 clientPort 参数值分别设置为 2181、2182、2183，以及在下方空白位置输入以下相同的内容：

```
server.1=master:2888:3888
server.2=master:2889:3889
server.3=master:2890:3890
```

设置后的效果如图 8-19 所示。

③ 在各个目录下均创建 myid 文件并填入相应的值

a.切换到 Zookeeper 保存数据的文件夹，在各 data 文件的 zkData1、zkData2、zkData3 子目录下创建名为 myid 的文件，文件内容对应服务器编号，如图 8-20 所示。

b.分别写入服务器编号对应值。如图 8-21 所示。

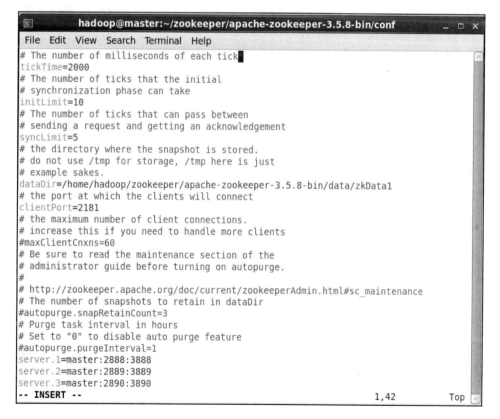

（a）编辑配置 zoo1.cfg 文件

图 8-19

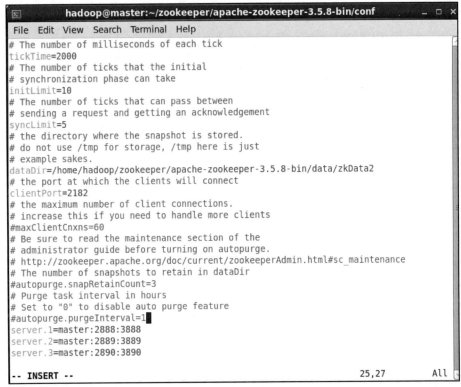

(b) 编辑配置 zoo2.cfg 文件

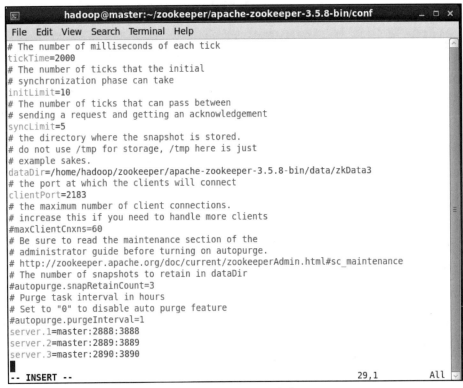

(c) 编辑配置 zoo3.cfg 文件

图 8-19 编辑配置文件

```
[hadoop@master data]$ cd zkData1
[hadoop@master zkData1]$ touch myid
[hadoop@master zkData1]$ cd ..
[hadoop@master data]$ cd zkData2
[hadoop@master zkData2]$ touch myid
[hadoop@master zkData2]$ cd ..
[hadoop@master data]$ cd zkData3
[hadoop@master zkData3]$ touch myid
[hadoop@master zkData3]$
```

图 8-20　在 Zookeeper 保存数据的文件夹分别创建 myid 文件

```
drwxrwxr-x. 2 hadoop hadoop 4096 Nov 12 04:23 zkData1
drwxrwxr-x. 2 hadoop hadoop 4096 Nov 12 04:23 zkData2
drwxrwxr-x. 2 hadoop hadoop 4096 Nov 12 04:24 zkData3
[hadoop@master data]$ echo 1 > zkDdata1/myid
bash: zkDdata1/myid: No such file or directory
[hadoop@master data]$ echo 1 > zkData1/myid
[hadoop@master data]$ echo 2 > zkData2/myid
[hadoop@master data]$ echo 3 > zkData3/myid
```

图 8-21　在三个 myid 文件中分别写入服务器编号对应值

④ 启动 Zookeeper

a.伪分布式 Zookeeper 集群需要依次启动服务，即服务按照次序启动，如图 8-22 所示。

```
[hadoop@master apache-zookeeper-3.5.8-bin]$ ./bin/zkServer.sh start conf/zoo1.cf
g
ZooKeeper JMX enabled by default
Using config: conf/zoo1.cfg
Starting zookeeper ... STARTED
[hadoop@master apache-zookeeper-3.5.8-bin]$ ./bin/zkServer.sh start conf/zoo2.cf
g
ZooKeeper JMX enabled by default
Using config: conf/zoo2.cfg
Starting zookeeper ... STARTED
[hadoop@master apache-zookeeper-3.5.8-bin]$ ./bin/zkServer.sh start conf/zoo3.cf
g
ZooKeeper JMX enabled by default
Using config: conf/zoo3.cfg
Starting zookeeper ... STARTED
[hadoop@master apache-zookeeper-3.5.8-bin]$
```

图 8-22　成功启动伪分布式 Zookeeper 集群

b.可以输入 jps，查看进程状态。出现如图 8-23 所示的 3 个进程表明 Zookeeper 伪分布式集群启动成功。

```
[hadoop@master apache-zookeeper-3.5.8-bin]$ jps
2571 QuorumPeerMain
2716 Jps
2668 QuorumPeerMain
[hadoop@master apache-zookeeper-3.5.8-bin]$
```

图 8-23　查看伪分布式集群的进程

8.3.4 完全分布式模式安装及配置

实际生产中需要使用 Zookeeper 的完全分布式集群模式安装。Zookeeper 的大部分操作都是通过选举产生的，当标记一个操作是否成功，要在超过一半节点发送请求成功时才认为有效，并且 Zookeeper 选择领导者节点也是在超过一半节点同意时才有效。因此在完全分布式集群模式下，建议需要一台主机，2 台从机，即至少部署 3 个 zk 进程，或者部署奇数个 zk 进程。

（1）Zookeeper 完全分布式安装步骤

Zookeeper 完全分布式安装，在此利用一台主机 master，2 台从机 slave1、slave2 实现。通常需要分为 7 个操作步骤，并且以下的操作均需要在主机 master 和从机 slave1、slave2 上实现。

① 安装 jdk 并配置信息。
② 安装 Zookeeper。
③ 创建环境目录。
④ 创建配置文件并配置其内容。
⑤ 创建 myid 文件并填入相应的值。
⑥ 启动 Hadoop 集群。
⑦ 启动完全分布式集群。

（2）Zookeeper 完全分布式集群安装及配置

在主机 master 一台机器上实现伪分布式安装前的 jdk 安装并配置信息、安装 Zookeeper 软件，都可以参考单节点模式安装过程，在此不再赘述。Zookeeper 完全分布式集群安装及配置具体操作步骤如下。

① 将 Zookeeper 的安装包拷贝到 master 并放置到/home/hadoop/Zookeeper/目录下。
② 输入命令 tar -zxvf apache-Zookeeper-3.5.8-bin，将 Zookeeper 的安装包解压并且安装。
③ 分别输入命令 scp -r ~/Zookeeper hadoop@slave1:~/、scp -r ~/Zookeeper hadoop@slave2:~/，实现将主机 master 安装后的 Zookeeper 传递给从机 slave1 和 slave2。
④ 切换目录到/home/hadoop/Zookeeper 下，输入命令 mkdir data，创建一个 data 文件夹，用于存储数据文件。
⑤ 在/home/hadoop/Zookeeper/data/目录下，输入命令 touch myid 创建文件。
⑥ 在主机 master、从机 slave1、slave2 的/home/hadoop/Zookeeper/data/目录下，分别输入命令 vim myid，并依次分别编辑其内容为 1、2、3，如图 8-24 所示。

```
[hadoop@master apache-zookeeper-3.5.8-bin]$ cd data
[hadoop@master data]$ touch myid
[hadoop@master data]$ ll
total 0
-rw-rw-r--. 1 hadoop hadoop 0 Nov 13 14:47 myid
[hadoop@master data]$ vi myid
[hadoop@master data]$ cat myid
1
[hadoop@master data]$
```

（a）主机 master 的 myid 文件及内容

```
[hadoop@slave1 apache-zookeeper-3.5.8-bin]$ cd data
[hadoop@slave1 data]$ touch myid
[hadoop@slave1 data]$ vi myid
[hadoop@slave1 data]$ cat myid
2
[hadoop@slave1 data]$
```

（b）从机 slave1 的 myid 文件及内容

```
[hadoop@slave2 apache-zookeeper-3.5.8-bin]$ cd data
[hadoop@slave2 data]$ ll
total 0
[hadoop@slave2 data]$ touch myid
[hadoop@slave2 data]$ vi myid
[hadoop@slave2 data]$ cat myid
3
[hadoop@slave2 data]$
```

（c）从机 slave2 的 myid 文件及内容

图 8-24 myid 文件及内容

⑦ 切换目录到/home/hadoop/zookeeper/apache-zookeeper-3.5.8-bin/conf，输入命令 cp zoo_sample.cfg zoo.cfg，将 Zookeeper 根目录中 conf 文件夹下的 zoo_sample.cfg 备份并重命名为 zoo.cfg。

⑧ 输入命令 vi zoo.cfg，编辑并修改内容如下：

tickTime=2000

initLimit=10

syncLimit=2

dataDir=home/hadoop/zookeeper/apache-zookeeper-3.5.8-bin/data

clientPort=2181

server.1=master:2888:3888

server.2=slave1:2888:3888

server.3=slave2:2888:3888

如图 8-25 所示。

```
hadoop@master:~/zookeeper/apache-zookeeper-3.5.8-bin/conf
tickTime=2000
# The number of ticks that the initial
# synchronization phase can take
initLimit=10
# The number of ticks that can pass between
# sending a request and getting an acknowledgement
syncLimit=5
# the directory where the snapshot is stored.
# do not use /tmp for storage, /tmp here is just
# example sakes.
dataDir=home/hadoop/zookeeper/apache-zookeeper-3.5.8-bin/data
# the port at which the clients will connect
clientPort=2181
# the maximum number of client connections.
# increase this if you need to handle more clients
#maxClientCnxns=60
#
# Be sure to read the maintenance section of the
# administrator guide before turning on autopurge.
#
# http://zookeeper.apache.org/doc/current/zookeeperAdmin.html#sc_maintenance
#
# The number of snapshots to retain in dataDir
#autopurge.snapRetainCount=3
# Purge task interval in hours
# Set to "0" to disable auto purge feature
#autopurge.purgeInterval=1
server.1=master:2888:3888
server.2=slave1:2888:3888
server.3=slave2:2888:3888
-- INSERT --                                    31,1          50%
```

图 8-25 修改配置文件

⑨ 启动 Zookeeper。需要在主机和至少 2 台从机的/home/hadoop/Zookeeper/apache-Zookeeper-3.5.8-bin/bin 目录下，分别输入命令./zkServer.sh start，启动 Zookeeper，启动并查看进程状态如图 8-26 所示。

```
[hadoop@master apache-zookeeper-3.5.8-bin]$ ./bin/zkServer.sh start
ZooKeeper JMX enabled by default
Using config: /home/hadoop/zookeeper/apache-zookeeper-3.5.8-bin/bin/../conf/zoo.cfg
Starting zookeeper ... STARTED
[hadoop@master apache-zookeeper-3.5.8-bin]$ jps
2897 QuorumPeerMain
2813 QuorumPeerMain
3247 Jps
[hadoop@master apache-zookeeper-3.5.8-bin]$
```

(a) 主机 master 启动 Zookeeper 及查看进程状态

```
[hadoop@slave1 apache-zookeeper-3.5.8-bin]$ ./bin/zkServer.sh start
ZooKeeper JMX enabled by default
Using config: /home/hadoop/zookeeper/apache-zookeeper-3.5.8-bin/bin/../conf/zoo.cfg
Starting zookeeper ... STARTED
[hadoop@slave1 apache-zookeeper-3.5.8-bin]$ jps
2827 Jps
2781 QuorumPeerMain
[hadoop@slave1 apache-zookeeper-3.5.8-bin]$
```

(b) 从机 slave1 启动 Zookeeper 及查看进程状态

```
[hadoop@master apache-zookeeper-3.5.8-bin]$ ./bin/zkServer.sh start
ZooKeeper JMX enabled by default
Using config: /home/hadoop/zookeeper/apache-zookeeper-3.5.8-bin/bin/../conf/zoo.cfg
Starting zookeeper ... STARTED
[hadoop@master apache-zookeeper-3.5.8-bin]$ jps
2352 Jps
2312 QuorumPeerMain
```

(c) 从机 slave2 启动 Zookeeper 及查看进程状态

图 8-26　启动 Zookeeper 及查看进程状态

⑩ 查看运行状态。输入命令./bin/zkServer.sh status,可以查看 Zookeeper 的运行状态，其中 slave1 显示模式为 Leader，主机 master 和从机 slave2 显示模式为 Follower，如图 8-27 所示。

```
[hadoop@master apache-zookeeper-3.5.8-bin]$ ./bin/zkServer.sh status
ZooKeeper JMX enabled by default
Using config: /home/hadoop/zookeeper/apache-zookeeper-3.5.8-bin/bin/../conf/zoo.cfg
Client port found: 2181. Client address: localhost.
Mode: follower
```

(a) 主机 master 的启动状态

```
[hadoop@slave1 apache-zookeeper-3.5.8-bin]$ ./bin/zkServer.sh status
ZooKeeper JMX enabled by default
Using config: /home/hadoop/zookeeper/apache-zookeeper-3.5.8-bin/bin/../conf/zoo.cfg
Client port found: 2181. Client address: localhost.
Mode: leader
[hadoop@slave1 apache-zookeeper-3.5.8-bin]$
```

(b) 从机 slave1 的启动状态

```
[hadoop@slave2 apache-zookeeper-3.5.8-bin]$ ./bin/zkServer.sh status
ZooKeeper JMX enabled by default
Using config: /home/hadoop/zookeeper/apache-zookeeper-3.5.8-bin/bin/../conf/zoo.cfg
Client port found: 2181. Client address: localhost.
Mode: follower
[hadoop@slave2 apache-zookeeper-3.5.8-bin]$
```

(c) 从机 slave2 的启动状态

图 8-27　查看 Zookeeper 的运行状态

习题

一、填空题

1. Zookeeper 是_____的一个子项目，它是分布式系统中的_____。
2. Zookeeper 中包含_____、Follower 和_____三个角色。
3. _____主要用来解决分布式环境当中多个进程之间的同步控制，实现有序访问某种临界资源，避免出现数据访问混乱情况。
4. Zookeeper 的安装有单机模式、_____和_____三种。
5. Zookeeper 的节点有数据节点和_____。

二、选择题

1. Zookeeper 名字的由来是（　　）。
   A. 随便起名　　　　　　　　　　B. 动物管理员
   C. 宠物　　　　　　　　　　　　D. 公司商议
2. 启动 Zookeeper 服务可以用命令（　　）。
   A. sh bin/zkserver.sh status　　　B. sh bin/zkserver.sh stop
   C. sh bin/zkserver.sh start　　　 D. sh bin/zkserver.sh　restart
3. Zookeeper 可以实现（　　）等功能。
   A. 数据发布/订阅、负载均衡
   B. 命名服务、分布式协调/通知、集群管理、Master 选举、分布式锁和分布式队列
   C. 集群管理、Master 选举、分布式锁和分布式队列
   D. 以上都正确
4. 查看 Zookeeper 服务状态可以用命令（　　）。
   A. sh bin/zkserver.sh status　　　B. sh bin/zkserver.sh stop
   C. sh bin/zkserver.sh start　　　 D. sh bin/zkserver.sh　restart

5. 关闭 Zookeeper 服务状态可以用命令（　　）。

   A. sh bin/zkserver.sh status   B. sh bin/zkserver.sh stop

   C. sh bin/zkserver.sh start   D. sh bin/zkserver.sh　restart

三、简答题

1. 简述 Zookeeper 名字的由来。
2. 简述 Zookeeper 安装模式间的区别。
3. Zookeeper 常用功能有哪些？
4. 简述 Zookeeper 单机模式、伪分布式和集群模式安装的特点。
5. Zookeeper 常用命令有哪些？

参考文献

[1] https://www.douban.com/group/topic/109858772.

[2] https://www.cnblogs.com/jager/p/6522172.html.

[3] 林子雨.大数据技术原理与应用.北京：人民邮电出版社，2017.

[4] 黄东军.Hadoop 大数据实战权威指南.北京：电子工业出版社，2017.

[5] http://c.biancheng.net/linux_tutorial.

[6] https://www.cnblogs.com/yychuyu/p/11361857.html.

[7] https://mp.weixin.qq.com/s?__biz=MzU3NTgyODQ1Nw==&mid=2247485365&idx=1& sn=4e9f
069ba8f1ed1a9b6d7056ca890005&source=41#wechat_redirect.

[8] https://www.cnblogs.com/glsy/p/8592645.html.

[9] https://cloud.tencent.com/developer/article/1010746.

[10] https://blog.csdn.net/xiaolong_4_2/java/article/details/80879477.

[11] https://blog.csdn.net/qq_42668255/article/details/97544486.

[12] https://www.cnblogs.com/hdc520/p/11094215.html.

[13] https://blog.csdn.net/shawnhu007/article/details/83055135.

[14] 杨治明，许桂秋.Hadoop 大数据技术与应用.北京：人民邮电出版社，2019.

[15] https://hadoop.apache.org/docs/r2.7.3/ Hadoop.

[16] Tom Wbite 著.Hadoop 权威指南（中文版）.冉大聃，周傲英 译.北京：清华大学出版社，2010.

[17] 董西成，Hadoop 技术内幕:深入解析 MapReduce 架构设计与实现原理. 北京：机械工业出版社，2013.

[18] http://hadoop.apache.org.

[19] https://blog.csdn.net/xiaolong_4_2/java/article/details/80879477.

[20] https://blog.csdn.net/qq_42668255/article/details/97544486.

[21] https://www.cnblogs.com/hdc520/p/11094215.html.

[22] https://blog.csdn.net/shawnhu007/article/details/83055135.

[23] https://www.jianshu.com/p/3f1269d683f8.

[24] https://www.cnblogs.com/sea520/p/13503209.html.

[25] http://c.biancheng.net/view/6531.html.

[26] https://blog.csdn.net/java_66666/article/details/81015302.

[27] https://www.cnblogs.com/jimcsharp/p/8358271.html.

[28] https://blog.csdn.net/lisongjia123/article/details/78639242.